Heidi Hahn
Otto Hahn

Notruf aus der Arche

Ein alarmierender Report über die Vernichtung der belebten Natur

Birkhäuser Verlag
Basel · Boston · Berlin

CIP-Titelaufnahme der Deutschen Bibliothek
Hahn, Heidi:
Notruf aus der Arche : ein alarmierender Report über die Vernichtung der belebten Natur / Heidi Hahn ; Otto Hahn. – Basel ; Boston ; Berlin : Birkhäuser, 1990
ISBN 3-7643-2410-4
NE: Hahn, Otto

Umschlaggestaltung: Dieter Zembsch, München
ISBN 3-7643-2410-4

Inhalt

Die Weißen verderben unser Land, sie machen die ganze Natur seufzen. Sie schneiden die Kräuter mit langen Messern, sie verderben die Kräuter, und die Kräuter weinen. Sie töten die Bäume mit mörderischen Eisen, sie tun den Bäumen Unrecht, und die Bäume weinen. Sie reißen die Eingeweide der Erde auf, sie tun der Erde weh, und die Erde weint. Sie vergiften das Wasser unserer klaren Flüsse und machen es trübe, die Fische sterben, und die Fische und Flüsse weinen. So seht ihr: die Fische und Flüsse weinen, die Bäume weinen, die Erde weint, die Wiesenkräuter weinen – ja, die ganze Natur machen die Weißen seufzen!

Klage des Saukhäuptlings KENEKUK

Anfang oder Ende

Ganz allmählich werden Naturschutz und umweltbewußtes Leben geradezu Modeerscheinungen. Denn die Angst sitzt uns im Nacken, die Angst, daß wir es, langsam aber stetig, doch übertrieben haben mit unserer bedenkenlosen Art, Mensch zu sein und als solcher die Natur auszubeuten, zu mißbrauchen und zu zerstören.

Jetzt sind wir also aufgewacht und handeln, langsam zwar noch und verschlafen, aber wir wollen wieder ein reines Gewissen. Kein Gewissen, an dem die Betroffenheit nagt, kein Gewissen mehr, das uns Furcht vor der Zukunft bereitet und uns ängstlich auf unsere zerstörenden Finger sieht. Deshalb handeln wir, schützen wir die Umwelt.

Wir listen sorgfältig auf, was wir kaputtgemacht und ausgerottet haben. So steht zum Beispiel auf der «Roten Liste» der Säugetiere einleitend zu lesen: «In der Bundesrepublik Deutschland wurden 94 Säugetierarten nachgewiesen. 44 Arten (47%) sind ausgestorben oder gefährdet... für einige dieser Arten wären mittlerweile auch keine geeigneten Biotope mehr vorhanden ...»

Wir wissen also Bescheid, und man kann uns nicht nachsagen, daß wir nicht gründlich vorgehen würden. Wir kennen die Zahlen; wir bürden uns außerdem Verordnungen und Gesetze auf, die uns, als oberste Instanz, als Über-Ich sozusagen, abhalten sollen von unserem zerstörerischen Tun. Das heißt, wir müssen uns selbst per Gesetz unseren Wahnsinn verbieten, wir müssen uns gegenseitig überwachen und bestrafen bei allem Fortschritt im Natur- und Umweltschutz. Denn uns fehlt noch immer die Einsicht.

Einsicht und Nachdenken über die Erscheinungen und Folgen unserer menschlichen Intelligenz, die uns aufsteigen ließ zu den absoluten Herrschern der Erde, und das in erdgeschichtlich sensationell kurzer Zeit, denn lange schon vor dem Menschen gab es bereits Leben auf der Erde. Und dieses Wesen Mensch, das im Vergleich zu anderen nur Nachteile hatte, nicht schnell laufen, nicht fliegen und auch nur mühsam schwimmen konnte und kann, das keine Reißzähne und keinen Giftstachel, dafür aber schlechte Augen, ein mittelmäßiges Gehör und fast keinen Geruchssinn hat, dieses Wesen ist heute die unumstrittene Nummer eins auf der Erde. Eigentlich das Raubtier Nummer eins, das viele Tiere bei uns ausgerottet, gezähmt oder eingesperrt hat: die Nummer eins zu Lande, zu Wasser und in der Luft. Dieses Wesen überwindet Entfernungen schneller als jedes andere und kann alles und jeden besiegen, seinem Willen unterwerfen. Es tötet, läßt leben, züchtet und vernichtet, wie es ihm gefällt. Es nimmt sich, was es will, unangefochten und unangreifbar.

Seine Religion falsch interpretierend, ist der Mensch nicht zum Bewahrer, sondern Zerstörer der Schöpfung geworden. Er hat ihre Vorräte geplündert und bedenkenlos eingegriffen in die Kreisläufe der Natur. In Kreisläufe, die über Jahrmillionen hinweg reibungslos funktionierten, ehe der Homo Sapiens (der Wissende) glaubte, alles besser und vor allem für sich selbst bequemer machen zu können. Dabei war der einzige Vorteil des Menschen nur der, daß er unfähig war, sich zu spezialisieren, denn er benahm sich in allen Elementen gleichermaßen ungeschickt. Aber er konnte alles verwerten und konnte sich seine Nahrung aus allen Lebensbereichen verschaffen. Sein einziger Schutz, seine einzige Waffe und Hilfe war ihm dabei sein Gehirn.

Ursprünglich war der Mensch Nomade, siedelte immer dort, wo ihm Fauna und Flora günstig schienen, und zog dann irgendwann weiter. Doch mit der Intelligenz wuchs der Hang zur Bequemlichkeit. Und die Bequemlichkeit trieb den Menschen dazu, sein Gehirn immer weiter anzustrengen und zu entwickeln, auf der Suche nach einem zufriedenen, komfortablen Leben. Und er erkannte, daß es bequemer war, seßhaft zu sein, die Tiere zu züchten und die Pflanzen anzubauen, anstatt zu jagen und zu sammeln. Die Unterwerfung der Natur, die Ausbeutung des Bodens hatte begonnen.

Die Landwirtschaft war geboren. Mit der Landwirtschaft entstanden rasch Geräte, Werkzeuge und Maschinen. Der Fortschritt war nicht mehr aufzuhalten. Der Mensch sah sich nicht mehr als einen Teil des Kreislaufs, der akribisch und sparsam alles wiederverwertet, mit seinen Energien haushaltet – er hatte erkannt, wo seine Chancen und Vorteile lagen, und begann sie rücksichtslos und verschwenderisch zu nutzen.

Obwohl wir heute wissen, was unsere Existenz die Natur und die Erde bereits gekostet haben, nutzen wir immer noch zu wenig unsere letzte Chance, die Vernunft. Und auch die Politiker zeigen zu wenig Einsicht, nur Angst. Angst um Position und Partei, Angst um das sorgsam aufgebaute Wirtschaftssystem, um Wirtschaftswachstum und Industrie. Deshalb sind die meisten der «Umweltschutzverordnungen» und «Umweltschutzgesetze» nichtssagend oder zweideutig. Naturschutz als Alibi-

Funktion, um die Partei dem Trend anzupassen. Dabei wird übersehen, daß die wenigsten Politiker von Biologie und Ökologie weder etwas verstehen noch die Zeit haben, sich damit zu beschäftigen und im Zweifelsfall immer noch dem Wissensbereich den Vorzug geben, in dem sie sich auskennen oder der ihnen die nächste Wiederwahl garantiert. Durchaus menschliche Reaktionen, doch so hat fast immer die Wirtschaft Vorrang vor der Natur.

Bei den geltenden Naturschutzgesetzen stellt sich die Frage, ob sie in völliger Unkenntnis aufgestellt oder absichtlich so dehnbar gehalten wurden, daß sie im Bedarfsfall beliebig ausgelegt werden können. Nehmen wir zum Beispiel den ersten Abschnitt des Naturschutzgesetzes für Baden-Württemberg vom Mai 1987. Da heißt es unter «Ziele und Aufgaben» des Naturschutzes:

«(1) Durch Naturschutz und Landschaftspflege sind die freie und die besiedelte Landschaft als Lebensgrundlage und Erholungsraum des Menschen so zu schützen, zu pflegen, zu gestalten und zu entwickeln, daß

1. die Leistungsfähigkeit des Naturhaushalts
2. die Nutzungsfähigkeit der Naturgüter (Boden, Wasser, Luft, Klima, Tier- und Pflanzenwelt) sowie
3. die Vielfalt, Eigenart und Schönheit von Natur und Landschaft nachhaltig gesichert werden.

(2) Der freilebenden Tier- und Pflanzenwelt sind angemessene Lebensräume zu erhalten. Dem Aussterben einzelner Tier- und Pflanzenarten ist wirksam zu begegnen.»

Schöne und große Worte. Man hat sich zweifellos Gedanken gemacht. Gedanken, wie die Vielfalt, Eigenart und Schönheit der Natur bewahrt werden kann, um einen Erholungsraum für Menschen zu bieten. Interessant ist, daß man den «freilebenden» Tieren und Pflanzen «angemessene» Lebensräume zuteilt. Und hier zeigt sich auch, wie einfach Natur- und Artenschutz ist: Man muß dem Aussterben einzelner Arten nur «wirksam begegnen».

Erfreulich wenigstens, daß man Lebensräume für Tiere und Pflanzen erhalten will, da der Lebens- und Erholungsraum für den gestreßten Menschen auch immer knapper wird! Aber unter Punkt (3) wird im Baden-Württembergischen Naturschutzgesetz relativiert:

«(3) Die sich aus den Absätzen 1 und 2 ergebenden Anforderungen sind untereinander und gegen die sonstigen Anforderungen der Allgemeinheit an Natur und Landschaft abzuwägen.»

Eine Kommentierung erübrigt sich wohl. Aber schließlich stellt dieses Naturschutzgesetz noch eine kühne Behauptung auf:

«(4) Die Landwirtschaft und die Forstwirtschaft leisten einen besonderen Beitrag zur Erhaltung und Pflege von Natur und Landschaft...»

Das freut uns, denn wir wissen, Naturschutz tut not. Doch wer wägt mit welchem Recht welche «Erfordernisse» ab? Wer ist «die Allgemeinheit»? Doch wohl wir Menschen. Um dies zu verdeutlichen, zitieren wir noch Punkt (5) dieses Naturschutzgesetzes:

«(5) Bei raumbedeutsamen Planungen und Maßnahmen des Naturschutzes, der Landschaftspflege und der Erholungsvorsorge sind die Erfordernisse der Raumordnung und der Landesplanung zu beachten. Erholungsvorsorge ist die Gewährleistung des Rechts auf Erholung in der freien Landschaft.»

Was da anmutet wie Menschenrechtsverordnungen, steht tatsächlich im Naturschutzgesetz für Baden-Württemberg, stellvertretend für alle anderen existierenden Naturschutzgesetze und verfaßt zum Zweck, die Natur vor ungebührlichem menschlichen Eingreifen zu schützen.

Ist es Unwissenheit oder Unverfrorenheit, der Landwirtschaft einen «...besonderen Beitrag zur Erhaltung und Pflege von Natur und Landschaft...» zuzuschreiben, obwohl heute jedes Kind weiß, daß wir Monokulturen, Nitrate im Grundwasser, Spritzmittelgifte, Grundwasserspiegelabsenkung und Biotopzerstörung weitestgehend der Landwirtschaft zuzuschreiben haben?

Auf derartige Gesetze können wir uns nicht verlassen, nur auf uns selbst und unsere Einsicht. Doch Einsicht erfordert Einblick in Gesamtzusammenhänge. Wir erfahren zwar immer mehr über Umweltskandale hier und da, aber genaue Kenntnisse über die Gründe und Zusammenhänge bleiben im dunkeln. Statt uns Einsichten zu vermitteln, macht man uns Angst und drischt Phrasen. Wie etwa im Frühjahr 1988, als nach dem Massensterben der Robben in der Nordsee eine große deutsche Tageszeitung mit der Schlagzeile «Die Nordsee schlägt zurück!» aufwartete. Horrorvorstellungen stiegen in uns auf, Erinnerungen an Science-fiction-Filme, und wir bekamen es ganz gehörig mit der Angst zu tun. Doch irgendwann starben keine Robben mehr, und wir dachten: Der Kampf der Nordsee ist zu Ende. Dies war ein Trugschluß, aber wer erklärte schon, daß der vermeintliche Kampf der Nordsee gar kein Kampf mehr war. Daß die Nordsee nicht kämpfen konnte, auch wenn sie es vielleicht wollte; einfach deshalb, weil sie tot war. Wer klärte darüber auf, daß dies nicht eine Warnung der Nordsee, sondern ihr endgültig letzter Atemzug war?

Seit Jahrzehnten schon ist die Nordsee buchstäblich ein «todsicheres» Meer. Denn fällt erst einmal ein Tier aus, so wird damit der ganze, von der Natur so schön zusammengefügte Kreislauf durcheinandergebracht.

Wer sich dann nicht schnell anpaßt und umgewöhnt, stirbt als nächster. Und so geht es weiter.

Verständlich, daß dabei einige Pflanzen oder Tiere kurzfristig die Oberhand gewinnen und sich massenhaft vermehren können, wenn ihre natürlichen Feinde dezimiert oder ausgestorben sind. So ist unmerklich wieder etwas aus dem Gleichgewicht geraten, und so geht das fort. Auf das Sterben in der Nordsee wurde man erst dann aufmerksam, als die Robben starben. Weil man tote Robben eher bemerkt und bemitleidet als tote Krebse oder Fische.

Die Natur unterliegt einem ständigen Wandel. Nur so ist es möglich, daß sich ein derart komplexer, reibungslos funktionierender Kreislauf, der sich wiederum aus unendlich vielen kleineren Kreisläufen aufbaut, entwickeln konnte. Und auch nur dadurch wurde es möglich, daß immer neue Arten entstehen, andere aussterben, sich wandeln und anpassen konnten, daß aus der «Ursuppe» die Vielfalt und Vielzahl von Leben entstand, wie wir sie heute kennen, und daß daraus auch der Mensch hervorging.

Der Mensch aber fügte sich nicht ein in den Kreislauf, der ihn geschaffen hatte, er durchbrach ihn, griff ein, manipulierte. Und dies um so mehr, je mehr er sich selbst entwickelte. So haben wir uns bis zum heutigen Tag unseren eigenen, unentrinnbaren Kreis geschaffen, denn wir pfuschten der Natur ins Handwerk, ohne die Konsequenzen absehen zu können. Heute *müssen* wir eingreifen, um uns vor den Folgen zu schützen, wiederum aber, ohne absehen zu können, welche Folgen dies nach sich ziehen wird.

Vielleicht kann die Natur selbst einen Teil unserer Schädigungen ausgleichen, denn sie vermag wirklich Gewaltiges: Alle 300 Jahre wird das Kohlendioxyd unserer Atmosphäre, alle zwei Milliarden Jahre sämtliches Wasser auf der Erde einmal umgewälzt, und alle 2000 Jahre wird der gesamte Sauerstoff in der Luft neu produziert.

Doch der stete Wandel vollzieht sich nicht nur bei Luft und Wasser, auch organische und anorganische Substanzen wandeln sich ständig. Was Lebewesen ausscheiden oder was nach ihrem Tod von ihnen übrigbleibt, wird von anderen Lebewesen im Boden zersetzt, abgebaut und wieder in Nährstoffe und Mineralien umgewandelt und für neues Leben bereitgestellt.

Nährstoffe und Mineralien sind die Grundlagen für fruchtbaren Boden, für das Wachstum der Pflanzen. Die Pflanzen werden zum Teil von Tieren gefressen, die Tiere wiederum von anderen fleischfressenden Tieren. Ihre sterblichen Überreste werden dann von neuem dem Boden zugeführt und wieder abgebaut und umgewandelt. Dies ist grob und vereinfacht der Kreislauf des Lebens, und in ihm existiert eine geradezu verschwenderische Vielfalt an Lebewesen. Die Folge: Um überleben zu können, spezialisierten sich einige Organismen auf bestimmte Lebensräume, auf bestimmte Nahrung. Wären sie anders im täglichen Überlebenskampf aller untergegangen, so bot ihnen ihre Spezialisierung Schutz vor Konkurrenz. Diese Spezialisierung aber wiederum birgt Gefahren: Nimmt man den Lebewesen nämlich ihre typischen Lebensgrundlagen, so können sie nicht ohne weiteres auf andere ausweichen und gehen zugrunde.

Angst und Betroffenheit unsererseits genügen also nicht. Es genügt nicht, unsere Haut und unsere Erholungsräume zu retten, denn auch wir sind ein Teil dieses Systems, das Jahrmillionen so reibungslos funktionierte, bevor wir es mit unserer nimmermüden Intelligenz zu reformieren versuchten. Wir müssen lernen, daß die Schuld bei uns liegt, daß wir uns täglich neu schuldig machen. Wir müssen begreifen, daß unser Hang zur Bequemlichkeit, unsere primitive Freude an technischen Fortschritten ein geniales System beharrlich zerstört hat. Ein System, dem es gelang, ohne Abnutzungserscheinungen unendliche Zeiten lang Milliarden von Pflanzen, Tieren und Klimafaktoren unter einen Hut zu bringen.

Wir haben der Natur gründlich ins Handwerk gepfuscht. So gründlich, daß wir heute nicht einmal mehr ausreichend schützen können, indem wir jedem Lebewesen einfach sein Leben lassen. Was heute geschützt werden soll, muß erst geplant und berechnet werden. Denn es gibt keinen Quadratmeter mehr, den wir nicht «im Griff» haben. Kulturlandschaft ist die Bezeichnung, die für diesen Frevel steht und die die Gesetzesmacher so geschickt verwenden, als sprächen sie von Naturlandschaft. Und wir nehmen es dankbar an. Denn die Schandtaten der Menschheit einzugestehen, hieße ja zugleich, alles menschliche Denken in Frage zu stellen. Das Denken, das uns so angenehm unterscheidet von allem, was da kreucht und fleucht. Das Denken, das uns doch immer nur Gutes, immer nur Verbesserungen eingebracht hat. Das Denken brachte uns den Fortschritt, und wohin er uns führen wird, ist ungewiß.

Wir sind wie Kinder, die laufen lernten, ohne jemals hinzufallen. Wir haben dabei gelernt, unsere Schritte zu verbessern, uns zu spezialisieren, zu rennen, ohne aber zu wissen, wie man sich auffängt, wenn man hinfällt. Und nun laufen wir uns zu Tode. Wir maßen uns an, die gesamte Ökologie zu durchschauen, voraussehen und planen zu können. Denn wir kommen nicht los von der Besessenheit, verbessern und lenken zu wollen. Dabei fehlen uns bis heute die wesentlichen Einblicke in die Geschehnisse und Zusammenhänge des irdischen Lebensgefüges. Zwar sind einige Gebiete gut erforscht, doch lange nicht alles. Dies macht es aber so schwer, jetzt zu schützen und zu bewahren, da selbst gezielte Schutzmaßnahmen wieder unbestimmte Folgen und Nebenwirkungen haben können, die für uns noch nicht einmal erahnbar sind.

Wir wären keine Menschen, wenn wir nicht den Drang nach vorne, den Drang zu immer Neuem, Unbekannten hätten. Und niemals können wir es deshalb mit unserer Weltanschauung vereinbaren, daß jeder Fortschritt der Menschheit ein Rückschritt für das Leben an sich sein kann. Seit fast keiner von uns mehr direkt von der Natur lebt, nicht mehr selbst jagt, haben wir auch weniger Möglichkeiten, direkt auf die Natur einzuwirken. Heute zerstören wir Natur und Umwelt anders, vor allem durch die Folgeerscheinungen unserer Zivilisation, durch Schadstoffe, Gifte, durch Landverbrauch und Biotopzerstörung und vieles mehr. Früher war der Mensch der Feind einiger Tiere. Heute ist er der Feind allen Lebens allein durch seine Existenz und die von ihm geschaffenen Zivilisationsmechanismen.

Bis Mitte der fünfziger Jahre unseres Jahrhunderts glaubten noch alle an den unbegrenzten Fortschritt. Stolz war man auf die Geschwindigkeit, mit der Wissenschaft und Technik ständig mit verfeinerten, interessanteren Neuerungen aufwarten konnten. Das Leben des Menschen fing endlich an, schön zu werden. Technik im Alltag gehörte einfach dazu. Die lästigen Begleiterscheinungen wie Emissionen, Giftbelastungen oder Energieprobleme waren zwar abzusehen, man wollte sie jedoch nicht wahrhaben.

Verständlich, daß deshalb das Buch «Der stumme Frühling» der amerikanischen Biologin Rachel Carson im Jahr 1962 großes Aufsehen erregte. Die Autorin führte zum erstenmal die Folgen des Einsatzes von DDT und anderen Giften in der Landwirtschaft vor Augen. Doch die USA, Europa und teilweise auch Asien verharrten im Fortschrittsglauben. Die Technik ließ Unmögliches möglich werden, es gab keine Hindernisse mehr, kein Zurück. Man wollte die Grenzen des Machbaren finden und sich nicht rückbesinnen auf die Natur. Erst in den siebziger Jahren erkannte man allmählich die verheerenden Auswirkungen auf das Gleichgewicht der Natur, sah man, daß wir zwar die Natur in unseren fortschrittlichen Griff gebracht, nicht aber die Folgen und Auswirkungen bedacht hatten.

1970 wurde das Europäische Naturschutzjahr ausgerufen, und man bekannte plötzlich mit Betroffenheit, daß unbedacht gehandelt wurde. «Rohstoffknappheit», aber auch «Luftverschmutzung» und «Wasserverschmutzung» wurden zu neuen Schlagworten. Man fing an, sich zu fragen, ob Fortschritt denn unvermeidlich so schmutzig sein mußte. Die einen forderten rigorose Abkehr von Industrie und technischem Fortschritt, die anderen fürchteten um Wirtschaft und Wohlstand, und wieder andere glaubten, nur durch Fortschritt über die Schandmale des Fortschritts Herr werden zu können.

Heute versuchen wir, alles wiedergutzumachen, doch heute sind die Probleme noch gravierender, und es ist großenteils schon zu spät. Beinahe 20 Jahre nach dem Europäischen Naturschutzjahr macht man sich endlich daran, etwas zu tun, doch die Umweltsünden der Vergangenheit werden ihre Spuren noch lange zeigen. Giftstoffe, die einst achtlos zu Abfall deklariert und als solcher weggeräumt wurden, ticken heute überall wie Zeitbomben unter der Erde. Heute wissen wir, daß Giftmüll, wie etwa die Dioxinfässer von Seveso, nicht einfach durch Eingraben «aus der Welt zu schaffen» sind. Über hundert Jahre nach der Erfindung des Autos bemühen wir uns endlich, seine Motoren nicht nur leistungsstärker, sondern auch umweltfreundlicher zu machen. Dadurch wird zwar der Schadstoffausstoß pro Fahrzeug gesenkt, aber dafür nimmt der Verkehr auf den Straßen und in der Luft immer mehr zu.

Es gilt deshalb mehr denn je, nach neuen Möglichkeiten zum Schutz der Umwelt zu forschen und alte Umweltsünden aufzudecken. Denn treten die Schäden erst einmal auf, ist es meist schon zu spät. 1982 war das Thema Waldsterben vielen noch gar nicht bekannt. 8% der deutschen Waldfläche war damals sichtbar geschädigt. Es wurde geredet, untersucht, aufgeklärt, und schon waren zwei Jahre tatenlos vergangen. 1984 war bereits die Hälfte der deutschen Wälder todkrank. Eile ist deshalb ebenso dringend nötig wie Gründlichkeit, wenn wir wirklich etwas erreichen wollen. Wie lange wird schon vom dringend notwendigen Schutz der Amazonas-Regenwälder geredet, doch das Abroden geht weiter. Nach neuesten Erkenntnissen des brasilianischen Raumfahrtzentrums werden die Amazonas-Urwälder in zwanzig, spätestens fünfzig Jahren verschwunden sein; werden sie abgeholzt und ausgetrocknet sein, wird man statt ihrer nur noch Steppe finden. Aber trotz dieser Erkenntnisse und aller Forschungsergebnisse wird weiter gerodet, obwohl auch die Klimakatastrophe, die uns dann droht, vorausgesagt ist.

Noch immer nicht abzusehen ist, welche Folgen der Ausfall auch nur einer Tier- oder Pflanzenart nach sich ziehen wird. Darum werden wohl trotz aller Schutzmaßnahmen noch mehr Tiere und Pflanzen aussterben, ohne daß wir etwas dagegen tun können. Im Laufe der Evolution verschwanden zwar auch Pflanzen oder Tiere, die sich nicht genügend anpaßten oder neuen Umweltbedingungen und Konkurrenten nicht gewachsen waren, denn nach dem Prinzip der Natur überlebt nur der Bestangepaßte.

Doch so rasant wie der Mensch zum bestangepaßten Herrscher über die Schöpfung aufstieg, so folgenschwer sind auch die «Spuren», die er dabei hinterlassen hat. Er dehnte seinen Lebensraum auf alle Gebiete dieser Erde aus und war damit nicht mehr von bestimmten Standortfaktoren abhängig, sondern begann selbst, Standorte zu beeinflussen, und rottete damit andere, spezialisierte Lebewesen aus. Krankheiten, Parasiten oder andere natürliche Feinde sorgen normalerweise dafür, daß eine Art nicht zu sehr überhandnimmt. Daneben gibt es die sogenannte «Selbstregulation der Populationen», sie sorgt dafür, daß bei gleichbleibenden Umweltbedingungen auch die Populationsdichte einer Art immer etwa gleich stark bleibt. Nur der Mensch vermehrt sich scheinbar ins Uferlose, ohne natürliche Feinde und derzeit noch unabhängig von Nahrungs- und Klimaproblemen. Vor 10000 Jahren ernährte die Erde etwa 5 Millionen Jäger und Sammler. Heute sind es fast 5 Milliarden Menschen.

Hohe Bevölkerungszahlen und Streß sind Schlagworte unserer Zeit. Auf die Tierwelt angewandt, bedingen Streß und zu viele Individuen auf einem begrenzten Raum, daß etwa bei Ratten die «Selbstregulation» in Kraft tritt, sie werden steril, bis sich die Individuenzahl wieder auf ein erträgliches Maß eingependelt hat. Bei uns Menschen scheint diese Regulierung nicht zu greifen. Nach neuesten Statistiken werden bis zum Jahr 2000 etwa 10 Milliarden Menschen auf der Erde leben. Falls sich die Geburtenregelung in der Dritten Welt nicht durchsetzt, rechnet man bis zum Jahr 2044 sogar mit 15 Milliarden Menschen (nach Berechnungen des britischen Statistikers Kingsley Davis).

Kreisläufe und Balance-Akte

Ein Geheimnis wird wohl die Vielfalt der Beziehungen bleiben, in der die einzelnen Organismen zueinander stehen. Einen Erklärungsversuch wagt die Ökologie, indem sie versucht, Lebewesen in ihren Lebensräumen zu sehen und die Beziehungen und vernetzten Systeme der Lebewesen untereinander zu deuten.

Zu diesem System bzw. Ökosystem gehören sowohl Lebewesen als auch anorganische Substanzen. Einzelne Tier- und Pflanzenarten werden zwar schon seit langem untersucht und erforscht, über die Zusammenhänge unter ihnen weiß man aber noch zu wenig. So erklärt es sich, daß zum Beispiel von der Ornithologie heute fast alle Vögel erforscht sind, daß man das Aussterben vieler Arten aber trotzdem nicht verhindern kann. Die Ornithologen sahen viel zu lange die Vögel isoliert von anderen Lebenwesen und ließen alle ökologischen Faktoren außer acht.

Will man die Beziehungen und Abläufe in einem Ökosystem vollständig erfassen, so genügt es wohl nicht, das Problem nur von der biologischen Seite anzugehen. Es spielen ebenso chemische, geologische und klimatische Faktoren eine erhebliche Rolle. Nur wenn alle Faktoren zu einem harmonischen Ganzen verschmelzen, kann eine gewisse Unabhängigkeit und Eigenständigkeit des Ökosystems erreicht werden.

Der ständige Wandel, dem jedes Ökosystem unterworfen ist, läuft immer in eine Richtung: hin zur ständigen Verbesserung des Systems selbst. Entsprechend sind die Ökosysteme der Erde nicht alle gleich alt. Die ältesten, wie der tropische Regenwald und das tropische Korallenriff, haben eines gemeinsam: Eine unendlich große Artenvielfalt sorgt für schnellste Umwälzung von Material und Energie und für völlige Wiederverwertung aller biologisch lebenswichtigen Substanzen. Die Schäden, die in diesem System über Jahrhunderte angerichtet wurden, können nicht in wenigen Jahren wiedergutgemacht werden.

Wie viele Tiere und Pflanzen in Europa bereits ausgestorben sind, läßt sich nicht ohne weiteres sagen, da früher nicht genau darüber Buch geführt wurde. Heute können wir die Ausmaße der Gefährdung unserer Tiere und Pflanzen in den «Roten Listen» nachlesen. Allein in der Bundesrepublik wurden bis heute ungefähr 45000 Tierarten nachgewiesen. Wie viele es tatsächlich sind, ist nicht sicher, da einige Insektenarten und Kleinstlebewesen noch nicht erforscht sind. Von den 45000 Arten gehören etwa 35000 zu den Gliederfüßlern; davon wiederum zählen etwa 30000 zu den Insekten und 4300 zu den Spinnentieren. Säugetiere und Vögel sind natürlich viel besser erforscht als Wirbellose, schon deshalb, weil sie sich leichter beobachten lassen.

Der Mensch neigt dazu, nur das zu schützen, was ihm nützlich erscheint oder gefällt. Deshalb fällt es auch vielen von uns schwer, die vermeintlich widerlichen Spinnentiere, Spulwürmer, Käfer und andere Kleintiere als lebenswichtig und schützenswert zu sehen. Man spritzt unentwegt weiter seinen Garten und beweist sein Umweltbewußtsein dadurch, daß man keinen Pelzmantel mehr trägt.

Deshalb ist es besonders wichtig, daß gerade die ökologische Forschung verstärkt weiterarbeitet und aufklärt, indem sie Brücken zwischen wissenschaftlicher Forschung und der Öffentlichkeit schlägt, denn nur Zusammenhänge, die wir verstehen, machen uns mehr betroffen als rein wissenschaftliche Abhandlungen, die es selbstverständlich geben muß, die aber – und das wird hierzulande immer noch von zu vielen Naturforschern übersehen – nur die Fachleute verstehen.

Aufgelistet und am Ende

Die Roten Listen beinhalten die erschreckenden Aufzählungen von Lebewesen in der Bundesrepublik Deutschland, die bedroht oder schon ausgestorben sind. Mittlerweile erschien die sechste Fassung, die notwendig wurde, weil viele neue Tiere und Pflanzen hinzugekommen und viele auf noch bedrohtere vordere Plätze gerückt sind. Was wir in diesem Buch über die Zustände und Biotopzerstörungen in der Bundesrepublik Deutschland ausführen, gilt in den meisten Fällen leider auch für die beiden anderen deutschsprachigen Länder, also auch für die Schweiz und für Österreich.

So erschreckend und mahnend die Roten Listen auch sind, so minimal sind doch ihre Auswirkungen auf die Bevölkerung und die Politiker.

Die Roten Listen können nur aufzählen und warnen und dadurch jeden von uns sensibilisieren und vorsichtig machen. Doch generell sollten wir nicht warten, bis Tiere und Pflanzen auf den Roten Listen stehen, und dann endlich mit dem Schutz beginnen. Denn Artenschutz muß komplex und kontinuierlich durchgeführt werden und nicht nach vorausberechneten Prozentzahlen.

Die Roten Listen gliedern sich in fünf Kategorien. Kategorie null bezeichnet alle ausgestorbenen oder ausgerotteten Arten. Kategorie eins beinhaltet Arten, die vom Aussterben bedroht sind, das heißt, die über Jahrzehnte in ihren natürlichen Verbreitungsgebieten mehr und mehr zurückgegangen sind und nur noch sehr selten oder vereinzelt auftreten. Schutzmaßnahmen für diese Arten sind dringend erforderlich. Auch wenn es einleitend in den Roten Listen pessimistisch heißt: «...Das Überleben dieser Arten in der Bundesrepublik Deutschland ist unwahrscheinlich, wenn die verursachenden Faktoren weiterhin einwirken oder bestandserhaltende Schutz- und Hilfsmaßnahmen des Menschen nicht unternommen werden...»

In der Kategorie zwei und drei sind die stark gefährdeten bzw. gefährdeten Arten erfaßt, solche, die in den meisten Teilen ihrer Verbreitungsgebiete zurückgehen und die in zwei oder drei deutschen Bundesländern schon ausgestorben sind. Kategorie vier nennt potentiell bedrohte Arten, die bedroht sind, weil ihre Biotope fast überall völlig zerstört wurden.

Eine erschreckende Zahl von Tieren und Pflanzen ist bereits ausgestorben oder stark bedroht:

Bei den Fischen etwa gibt es Sterlet, Stör, Wandermaräne und Ziege nicht mehr. Weitere 16 Fischarten von 160, von denen etwa 70 Arten Süßwasserfische sind, sind unmittelbar vom Aussterben bedroht.

Ungefähr 800 Spinnenarten sind in der Bundesrepublik bekannt. Davon existieren heute bereits 17 Arten nicht mehr, und über 80 Arten sind mehr oder weniger stark vom Aussterben bedroht. Wahrscheinlich werden weitere Spinnenarten ausgestorben sein, noch ehe sie genau erfaßt sind.

Nicht anders sieht es bei den Pflanzen aus. Etwa 35% der Farn- und Blütenpflanzen, 14% der Moose, 23% der Flechten und 36% der Pilze sowie 83% der Armleuchteralgen sind laut Roter Liste ausgestorben oder mehr oder weniger stark gefährdet.

Nicht alle Lebewesen starben und sterben an den Folgen unserer Zivilisation. Viele hat der Mensch auch durch direkte Verfolgung ausgerottet, und zwar vor allem die Tiere, die selbst zu den Jägern gehörten und damit eine Konkurrenz für den Menschen darstellten. Einst war die Jagd die wichtigste Ernährungsgrundlage für den Menschen, doch durch die Landwirtschaft und Viehzucht wurde sie überflüssig. Damit aber avancierte sie zum Luxus, zum gesellschaftlichen Ereignis, zum Sport und ist dies bis heute geblieben. Der Mensch ist damit das einzige Lebewesen, das seine natürliche Tötungshemmung erfolgreich überwunden und ritualisiert hat. Getötete «Raubtiere» waren stets edle Trophäen für jeden Jäger. Gejagt wurde auch der Felle wegen, vor allem aber, weil der Mensch sich von seinen lästigen Konkurrenten befreien wollte.

Immer mehr schritt die Viehhaltung und -zucht in der Landwirtschaft voran. Immer mehr Gebiete wurden eingezäunt und zu Weiden umfunktioniert. Lagen diese Gebiete zufällig in den Revieren von Wolf oder Luchs, so waren diese Tiere gezwungen, nun ihre Beute aus den Beständen des Menschen zu holen. Der Mensch wiederum tötete den «Räuber», der ihm Schafe und Rinder nahm.

Alibis für die Jagd gab es genügend. Und wo es keine gab, wurden Geschichten erfunden um große, böse und gefährliche Tiere und schon durfte mit gutem Gewissen weiter getötet werden. Vor allem um den Wolf entstanden die grausamsten Gerüchte. Er fiele Menschen an, war eine Behauptung über viele Jahrhunderte hinweg. Entsprechend groß war die Angst vor dem Wolf. Aber aus den Akten über den Wolf im 18. Jahrhundert geht nicht hervor, daß auch nur ein Mensch durch einen Wolf getötet worden wäre. Auch heute noch ist die Angst vor dem Wolf ungebrochen. Als zum Beispiel in die Lüneburger Heide vor einiger Zeit ein einzelner Wolf einwanderte, wurden, aus Angst vor diesem Tier, viele Hotelzimmer wieder abbestellt. Als dagegen der Reaktorunfall von Tschernobyl halb Skandinavien eindeutig radioaktiv belastete, gingen die Touristenzahlen kaum zurück.

Töten und zerstören ist eine ganz besondere Eigenart des Menschen. Durch die Entwicklung der «Feuerwaffen» wurde er zum Feind all der Tiere, die bis dahin nur ihre natürlichen Feinde gekannt hatten. Waffen waren die ersten Entwicklungen, die den Haushalt der Natur ins Ungleichgewicht brachten, indem sie Lebenswertes töteten. Heute greift jede Minute unseres Lebens in den natürlichen Kreislauf ein. Heute ist der Mensch der Feind allen Lebens.

Gejagt, verfolgt und ausgerottet

«Raubtier», das ist der Name, den der Mensch allen Tieren verlieh, die aufgrund ihrer physiologischen Gegebenheiten gezwungen sind, sich von anderen Tieren zu ernähren. Der Mensch hatte zum Raubtier nie ein gutes Verhältnis. Und das weniger aus Angst, als vielmehr aus Selbstsucht. Denn je zivilisierter er wurde, desto mehr jagte er selbst und desto weniger waren ihm Raubtiere natürliche Feinde. Aber sie waren seine Konkurrenten. Deshalb sah der Mensch in ihrer Verfolgung allmählich eine sportliche Herausforderung.

In der Natur ist der Räuber ein natürliches Glied in der Kette des Lebens. Doch der Mensch verbindet mit Raub etwas Böses, eine strafbare Handlung. So machte er die Jäger unter den Tieren zu «Raubtieren» und degradierte sie zu Verbrechern, verschaffte sich dadurch seine Legitimation, als oberster Räuber, als oberste Instanz zu richten und zu töten.

Jagende Tiere, ob bei Insekten, Vögeln oder Säugetieren, zeigen immer gleiche, beziehungsweise ähnliche Merkmale in Körperbau und Verhalten. Sie besitzen häufig ein kräftiges Gebiß und außerordentlich scharfe Krallen, haben außerdem eine geradezu phänomenale Sehkraft. Die Beutetiere sind unter natürlichen Umständen gut gegen die Jäger geschützt, da sie meist über exzellente Tarnung oder Abwehrmechanismen wie Stachel oder Hörner verfügen, die ihnen einen gewissen Schutz verschaffen. Auch haben Tierarten, die von der Natur zu Beutetieren bestimmt sind, eine relativ hohe Fortpflanzungsrate, oder sie leben in Familienverbänden zusammen mit vielen Artgenossen in der Gruppe, was zusätzlichen Schutz vor Angreifern bietet.

Niemals aber wird ein Raubtier unter natürlichen Umständen in der Lage sein, seine Opfer vollständig auszurotten, denn damit würde es sich um seine Nahrungsquelle und damit letztlich um sein eigenes Leben bringen.

Der Mensch war angesichts seiner mangelnden Fähigkeiten als Jäger ursprünglich sehr benachteiligt. Doch mit der Entwicklung der Waffen wurde er zum bedrohlichen, alles vernichtenden Jäger. Er jagte nicht nur maßlos die typischen Beutetiere, sondern auch andere «Jäger», die ihm bei seinen Jagdzügen im Wege standen, denen er nichts von seiner Beute überlassen wollte. Der Mensch hatte es dabei nicht schwer, die anderen «Jäger» völlig auszurotten. Denn Raubtiere vermehren sich langsamer als andere Tiere, da sie normalerweise keine Feinde haben. Deshalb waren viele von ihnen ausgerottet, noch ehe sie auf die massive Bejagung und Verfolgung durch den Menschen reagieren konnten.

Der Mensch schaltete also sowohl «Jäger» als auch Beutetiere aus. Zwischen dem Menschen und seinen Jagdopfern hat sich dabei allerdings niemals ein Gleichgewicht eingependelt, wie es etwa zwischen Wolf und Elch besteht. Erst heute versuchen die Jäger mit kunstvollen Berechnungen, den Wildbestand in unseren Wäldern zu regulieren. Denn nach dem Ausfall von Wolf und Luchs konnte sich das Wild ungestört vermehren, was wiederum ein erfreulicher Grund für den Menschen war, das Wild kräftig zu bejagen, bis sich heute allmählich ein künstliches Gleichgewicht eingependelt hat.

Früher unterteilte der Mensch die Wildtiere in nützliche und schädliche, wobei er alle Raubtiere natürlich als Schädlinge einordnete. Und diese Schädlinge wollte er weghaben, ohne Rücksicht auf Folgen und Konsequenzen in Wald und Feld. Der Wildbestand war zu diesen Zeiten relativ gering, aber man war dazu übergegangen, Schafe, Ziegen und andere Zuchttiere im und am Wald weiden zu lassen. Riß nun etwa ein Luchs ein Schaf oder eine Ziege, zog er sich natürlich den Groll der Bauern zu.

Später war dann zu hören, Raubtiere würden ohne das Eingreifen des Menschen den gesamten Wildbestand vernichten. Diese Einschätzung ist aber falsch, denn eine hohe Zahl an Beutetieren hat zur Folge, daß sich die Raubtiere aufgrund des guten Nahrungsangebotes stärker vermehren, doch folgen auch wieder Jahre, in denen sich zum Beispiel durch ungünstiges Klima die Beutetiere nur gering fortpflanzen oder Krankheiten zum Opfer fallen und dadurch in ihrem Bestand stark zurückgehen. Damit fehlt den «Räubern» die Nahrungsgrundlage, und auch ihre Zahl geht zurück. Die Beutetiere erreichen jedoch, da sie sich schneller vermehren, auch schneller wieder ihre ursprüngliche Populationsdichte als die «Räuber».

In den Jahren, in denen sich der Bestand an Beutetieren wieder erholt, die «Räuber» aber noch rückläufige Populationen aufweisen, gibt es ein Überangebot an Nahrung für die Raubtiere, aber weniger «Räuber» werden nie über ihr natürliches Maß hinaus jagen und damit keiner Tierart jemals wirklich existentiell gefährlich werden.

Säugetiere

Ihr allmähliches Verschwinden und Aussterben macht uns wohl am meisten betroffen, da sie zum einen unsere nächsten Verwandten und zum anderen die wohl beliebteste Tiergruppe sind. 94 Säugetierarten fand man einst in Deutschland. Heute sind 44 Arten ausgerottet oder gefährdet. Davon sind folgende Arten bereits ausgerottet: Elch, Wisent, Auerochse, Wolf, Europäischer Nerz, Wildpferd und Braunbär. 37 weitere Arten sind mehr oder weniger stark gefährdet.

Anfang des 19. Jahrhunderts hatte man den Wolf bei uns schon fast ausgerottet, nachdem er bis dahin in ganz Mitteleuropa relativ zahlreich aufgetreten war. Heute gibt es bei uns keinen einzigen Wolf mehr in Freiheit.

Von den beiden Wildrind-Arten, die es einst in deutschen Wäldern gab, nämlich Auerochse und Wisent, starb der Auerochse schon 1627 aus. Und der letzte freilebende Wisent wurde in Polen am 9. Februar 1921 durch einen Wilderer erlegt.

Auch den Elch gibt es bei uns nicht mehr. Noch im frühen Mittelalter war er über ganz Deutschland verbreitet, doch schon 1849 wurden in Ostpreußen nur noch 11 Elche registriert. Braunbären wurden schon seit ewigen Zeiten bejagt und gefangen. Bereits die Römer ließen sie zu Tausenden fangen und bei Schaukämpfen in ihren Arenen durch Gladiatoren abstechen. Im Grenzgebiet zwischen Bayern und Böhmen gab es noch vor ungefähr 200 Jahren Braunbären. 1833 schließlich wurde der letzte Bär im Bayerischen Wald, 1856 der letzte im Böhmerwald erlegt. Ein Resümee, auf das wir wahrlich stolz sein können. Und das ist längst nicht alles, denn viele Säugetiere, die stark gefährdet sind, stehen noch auf der Roten Liste. Biber, Otter, Luchs, Sumpfmaus, Bayerische Kleinwühlmaus, Wimperfledermaus, Braunfisch oder Schweinswal, Große und Kleine Hufeisennase, sie alle sind vom Aussterben bedroht. Eine große Anzahl weiterer Fledermäuse wie Nordfledermaus, Breitflügelfledermaus, Mausohr, Bartfledermaus, Fransenfledermaus, Kleinabendsegler, Rauhautfledermaus, Alpenfledermaus, Braunes und Graues Langohr und die Zweifarbfledermaus sind stark gefährdet, ebenfalls andere Säuger wie Wildkatze, Seehund, Großtümmler und die Hausratte.

Was wohl niemand erwartet hat – die Hausratte ist stark gefährdet. Das Tier, von dem vor Jahren gesagt wurde, daß es wegen seiner Anpassungsfähigkeit sogar einen Atomkrieg überleben könnte. Aber auch den Lebensraum der Hausratte haben wir zerstört, denn heute gibt es fast keine alten Gewölbe, Keller, Scheunen und Dachböden mehr. Abfälle werden in Tonnen gesammelt, und Kleintiere werden sicher in Käfigen gehalten. Man hat gelernt, «rattensicher» zu bauen, Vorräte «rattensicher» zu lagern, und bekämpft die großen Nager obendrein noch mit Gift.

Nun gehört die Hausratte aber zu den Säugetieren, die sich an die menschliche Zivilisation relativ gut angepaßt haben. Die im Wasser lebenden Arten haben diese Fähigkeit jedoch nicht. Deshalb leiden Seehund, Großtümmler oder Schweinswal besonders unter den Verschmutzungen der Meere. Ebenso ergeht es den am Wasser lebenden Arten: Fischotter, Wasser- und Sumpfspitzmäuse gehen zunehmend an unseren verschmutzten Bächen und Flüssen zugrunde.

Durch die Trockenlegung der Feuchtbiotope sind vor allem Feldbewohner wie Iltis und Sumpfspitzmaus bedroht, auch der Hamster und die Feldspitzmaus können sich nicht in unsere Kulturlandschaft eingewöhnen. Sie leiden besonders unter den Maßnahmen der Bau- und Landwirtschaft.

Der Dachs ist ebenfalls eines unserer gefährdeten Säugetiere. Er hat hauptsächlich unter der Begasung der Fuchsbaue zu leiden, die er als «Untermieter» bewohnt. So ließe sich die Reihe fortsetzen. Erschreckend ist wohl auch die Tatsache, daß viele der ausgestorbenen Tierarten heute gar nicht mehr wiedereinzubürgern wären, da es keine Biotope mehr gibt, die Erhaltung und Überleben ihrer Art sichern könnten.

In Beutekonkurrenz zum Menschen – Der Luchs

«Bald wieder Luchse im Schwarzwald?» So lautete die euphorische Schlagzeile einer deutschen Tageszeitung im April 1989. Die Unterzeile ließ jedoch im wahrsten Sinne des Wortes tiefer blicken. Da war nämlich zu lesen: «Experten: Jäger sehen in Raubtieren schon heute eine starke Beutekonkurrenz.»

Wie schnell Jäger sich zu Wort melden können, wenn es um ihre Reviere geht! Bemerkenswert, daß der Luchs von den Jägern gefürchtet wird, noch bevor er überhaupt ausgesetzt und wieder angesiedelt wird.

Tatsächlich sollen bis zu 40 Luchse im Schwarzwald wieder eine Heimat finden. Über diese Wiedereinbürgerung des Luchses wird schon seit Jahren debattiert, aber erst seit Ende 1989 liegt eine wissenschaftliche Studie vor mit dem Titel «Eignung des Schwarzwaldes als Lebensraum für den Luchs». Die Autorin Sabine Großmann kommt darin zu dem Ergebnis, daß der Schwarzwald ein recht guter Lebensraum für den Luchs wäre.

Nach sorgfältigen Untersuchungen ist der Luchs von allen im Schwarzwald ausgestorbenen Tierarten die einzige Art, die man auch unter heutigen Bedingungen dort wieder ansiedeln könnte. Nicht zuletzt, weil der Luchs kleiner ist als etwa der Wolf und deshalb auch weniger Nahrung braucht. Pro Jahr reißt ein Luchs im Schnitt 70 Rehe. Das wären bei 40 Luchsen rund 2800 Rehe im Jahr.

Zu viel, meint der Landesjagdverband, außerdem sei der Luchs eine Bedrohung für das Auerwild, das in den letzten Jahren im Schwarzwald wieder auf einen Bestand von 600 Exemplaren gebracht wurde. Bei allerdings 14000 Rehen, die jährlich im Schwarzwald geschossen werden, würden 2800 potentielle Rehrisse durch Luchse doch wohl kaum ins Gewicht fallen. Eindeutig, daß die Jäger hier mehr ihre weidmännischen Interessen als die des Luchses vertreten. Dabei sollten gerade sie jetzt Einsicht zeigen, da es schließlich ihren Jagdkollegen früherer Jahre zuzuschreiben ist, daß der Luchs im Schwarzwald ausgestorben ist. Wie schon erwähnt, würde der Luchs niemals einem Rehbestand wirklich gefährlich werden, da kein Raubtier jemals seine Beute ausrottet oder auch nur ihren Bestand gefährdet.

In der Schweiz wurde schon vor mehreren Jahren ein Wiederansiedlungsversuch mit Luchsen gestartet. Wie sich dieser Versuch langfristig auf den Wildbestand auswirken wird, bleibt noch abzuwarten, da die Anzahl der Luchse noch zu gering ist, um den gesamten Wildbestand regulieren zu können. In der Schweiz hätte der Luchs also einen reich gedeckten Tisch, aber dennoch stieg sein Bestand nicht stetig, obwohl die Bedingungen zunächst sehr günstig schienen, als die Rehe den «neuen Feind» nach seiner Ansiedlung noch nicht kannten und ein entsprechend leichtes Angriffsziel boten. Entsprechend schnell stieg zuerst der Luchsbestand, doch bald darauf fiel er aus unerklärlichen Gründen ebenso drastisch ab. Erst nach einiger Zeit blieb der Luchsbestand konstant, die Beziehung zwischen Jäger und Beute hatte sich eingependelt.

Die Erfahrungen in der Schweiz sprechen eindeutig auch für den Luchs im Schwarzwald und gegen die Jäger. Schließlich belegt auch die Biologie des Luchses eindeutig, wie wenig die Einwände der Jäger gerechtfertigt sind.

Der Luchs gehört zur Familie der Katzen und kommt in verschiedenen Unterarten, zu denen auch die Wildkatze gehört, in ganz Europa, in der Nordhälfte Asiens, sowie in Kanada und in Alaska vor. Sowohl den Luchs als auch die Wildkatze gibt es weltweit aber nur noch in wenigen Exemplaren. Luchs und Wildkatze bevorzugen Nadel- und Mischwälder als Lebensraum, vor allem die weiten Wälder der Alpen und des Jura. Im Gegensatz zur Wildkatze, die sonnige Lichtungen liebt, bleibt der Luchs in den Wäldern, weil er nur im Schutz der Bäume optimale Jagdbedingungen findet. Der Luchs ist ein typischer Pirschjäger, das heißt, er besitzt ein ausgezeichnetes Gehör und scharfe Augen. Er hetzt seine Beute nicht wie der Wolf, sondern schleicht sich aus der Deckung, wo er oft stundenlang lauernd verharrt, und springt seine Beute an, ehe er sie mit den Vorderpfoten reißt.

Unter den Katzenarten ist der Luchs das höchstentwickelte Raubtier. Er ist Einzelgänger. Nur im Februar oder März treffen sich die Partner an den «Ranzplätzen», bestimmten Paarungsplätzen, wo sich die Luchse jedes Jahr wie auf geheime Verabredung zur Paarung einfinden.

Nach einer Tragzeit von zehn Wochen bringt das Weibchen meist zwei Junge zur Welt, und wie alle Säugetiere sind auch sie anfangs völlig hilflos. Sie werden fast ein halbes Jahr gesäugt und sind wegen des Zahnwechsels auch noch den ganzen Winter über auf ihre Mutter angewiesen.

Ein Luchs beansprucht für sich einen Lebensraum von etwa 200 bis 300 Quadratkilometern. Dort legt er täglich bis zu 20 Kilometer zurück. In der Schweiz kam der Luchs ursprünglich in allen Waldungen vor, bis 1894 das letzte Exemplar am Weißthorpaß erlegt wurde. Die heute in der Schweiz lebenden Luchse wurden wie gesagt im Rahmen des Wiederansiedlungsprojektes eingesetzt. Bereits 1962 hatte die Schweiz zwar Bär und Luchs in das Bundesartenschutzgesetz aufgenommen, aber erst am 23. April 1971 wurde mit einem Paar das Luchs-Wiederansiedlungsprojekt gestartet.

Grundsätzlich sollten jedem Wiedereinbürgerungsprogramm gründliche Studien vorausgehen. Auch in der Schweiz gab es nämlich Gegner des Luchs-Projektes. Sie sehen heute ihre Befürchtungen von damals genauso bestätigt wie die Befürworter ihre Hoffnungen und Erwartungen. Schäden an Wild- und Haustieren, die man vor allem anfangs befürchtet hatte, kommen zwar gelegentlich vor, jedoch wesentlich seltener als erwartet.

Auch in den Vogesen hat man erst vor wenigen Jahren wieder Luchse in Freiheit ausgesetzt. Dort waren 1987 zum erstenmal drei Luchsbabys zu verzeichnen. Diese Aktion zur Wiedereinbürgerung der größten Wildkatze Europas in den Vogesen hatte das französische Umweltministerium 1983 zusammen mit dem World Wildlife Fund gestartet, nachdem

Der Luchs war früher über fast ganz Europa verbreitet. Als vermeintlichen Jagdschädling hat man ihn fast ausgerottet. Inzwischen wurde er in der Schweiz, in Österreich, Frankreich, Italien und Jugoslawien wieder angesiedelt.

die Luchse in den Vogesen 200 Jahre lang ausgerottet gewesen waren. Aber auch in Frankreich haben die Luchs-Freunde mit Gegnern zu kämpfen, denn ein Luchs wurde bereits erschossen aufgefunden.

In allen Gebieten, in denen der Luchs noch in winzigen Beständen in Freiheit vorkommt, ist seine illegale Bejagung an der Tagesordnung. Schon immer wurden Luchse nicht nur verfolgt, weil sie andere Tiere rissen, sondern auch wegen ihres schwarzgefleckten, weichen Felles.

Inzwischen kehrt sich der Trend gegen den Pelz als Bekleidungsstück und das hoffentlich endgültig.

In diesem Zusammenhang war in der BUNTE Nr. 43, Oktober 1989 zu lesen: «Bei uns waren Luchse vor zehn Jahren fast ausgestorben. Jetzt gibt es wieder knapp 5000 Exemplare in den deutschen Wäldern.»

Fünf freilebende Exemplare in den deutschen Wäldern trifft wohl eher die Realität. 5000 Luchse findet man nicht einmal mehr europaweit. Durch solche Verzerrung wird es unmöglich gemacht, die tatsächliche Gefährdung einzelner Tiere, das wahre Ausmaß unserer zivilisatorischen Zerstörung zu erkennen.

Auf leisen Pfoten – Die Wildkatze

Die Wildkatze bevorzugt wie der Luchs die weiten ausgedehnten Wälder der Alpen und des Jura und dort besonders in der ersten Jahreshälfte sonnendurchflutete Waldlichtungen.

Leider gibt es die Wildkatze in der Bundesrepublik Deutschland inzwischen fast nicht mehr. Ihr Bestand ist vom Aussterben bedroht, in einigen Bundesländern ist sie schon ganz ausgestorben. Wie die Luchse kommen die Wildkatzen nur zur Paarungszeit zusammen und leben sonst als Einzelgänger in ihren Revieren, wo sie sich hauptsächlich von Mäusen, aber auch von Vögeln und Jungwild oder von Fischen ernähren.

Die Wildkatze wurde durch intensive Verfolgung ausgerottet. Nur durch ihren buschigen Schwanz ist sie von der normalen Hauskatze zu unterscheiden, und viele Wildkatzen wurden abgeschossen, weil Jäger sie für streunende Hauskatzen hielten. Inzwischen steht die Wildkatze auf der Roten Liste, ist durch die Bundesartenschutzverordnung geschützt und darf nicht mehr bejagt werden. Doch trotz dieser Schutzmaßnahmen werden immer wieder Wildkatzen geschossen. So auch im nordwürttembergischen Stromberg, wo in einem 200 Quadratkilometer großen Laubwaldgebiet innerhalb von fünf Jahren sechs Wildkatzen geschossen wurden und sechs weitere dem Straßenverkehr zum Opfer fielen. Immer mehr schnelle Verkehrswege, die durch Waldgebiete führen und die Reviere der Wildkatzen zerschneiden, aber auch die anscheinend nicht enden wollende Unsitte der Jäger, auf vermeintlich streunende Katzen zu schießen, sind der Wildkatze zum Verhängnis geworden. Trotz aller Schutzmaßnahmen und Gesetze geht der Bestand weiterhin zurück.

Das Märchen vom bösen Wolf

Kommen wir zum Wolf. Vergessen Sie am besten schnell das Märchen vom großen, bösen, einsamen Wolf, denn der Wolf ist weder böse noch einsam. Er lebt vielmehr in einer sozialen Gemeinschaft, die streng hierarchisch gegliedert ist und in der jeder eine bestimmte Rangstufe einnimmt. Die hat er sich entweder erkämpft, oder sie wurde ihm von den übrigen Rudelmitgliedern zugeteilt. Dabei ist sich jeder Wolf seines Ranges in der Gruppe sehr wohl bewußt und zeigt seine Autorität gegenüber den Rudelmitgliedern durch Drohen, Knurren, durch lebhaftes Minenspiel oder durch die typische Imponierhaltung. Ein vom Rudel nur wenig geachteter Wolf unterwirft sich dagegen ständig, läuft nur ge-

Die Wildkatze lebt außerhalb der Paarungszeit als Einzelgänger. Sie ernährt sich hauptsächlich von Mäusen. Man kann sie nur an ihrem buschigen Schwanz von der Hauskatze unterscheiden. Sie ist gebietsweise bereits ausgestorben, vom Aussterben bedroht oder stark gefährdet. Obwohl sie geschützt ist, wird sie leider immer wieder geschossen.

duckt, mit eingezogenem Schwanz und lagert meist ein wenig abseits vom übrigen Rudel; er ist der «Sündenbock» der Gruppe, an ihm läßt sie auch ihre Aggressionen aus. Dies scheint hart und grausam, ist aber normal und typisch für Tiere, die in Gruppen zusammenleben. Denn gerade diese festgefügte soziale Ordnung ermöglicht insgesamt ein friedliches Zusammenleben im Rudel. Dementsprechend selten sind ernsthafte Kämpfe, sie kommen höchstens unter gleichstarken Tieren vor, die ihre Stellung zueinander und in der Gruppe beweisen oder neu festlegen wollen.

Wölfe haben wie alle Raubtiere kaum natürliche Feinde. Dennoch vermehrt sich ihre Zahl nie zu stark, denn in jedem Rudel pflanzt sich grundsätzlich nur der ranghöchste Rüde mit dem ranghöchsten Weibchen fort. Im Januar oder Februar ist die sogenannte «Ranz», und nach 62 Tagen Tragzeit kommen vier bis sechs Welpen zur Welt. Bemerkenswert ist, daß sich in der Folgezeit das gesamte Rudel an der Aufzucht der

Jungen beteiligt. Einer für alle, alle für einen. Nur die Gruppe macht den Wolf so stark, und auch nur durch die gemeinsame Jagd im Rudel ist der Wolf überhaupt in der Lage, große Tiere wie Rothirsche oder Elche zu stellen und zu reißen. Gerissen werden aber dann hauptsächlich junge, kranke oder alte Tiere, denn ein ausgewachsener kräftiger Hirsch kann einen Wolf mit Leichtigkeit abwehren.

Im Sommer ernährt er sich auch von jungen Vögeln, Insekten, Kleintieren und sogar von Waldfrüchten. Trotzdem bezeichnet man den Wolf als «Regulator» der großen Wildarten, denn er sorgt dafür, daß das Gleichgewicht zwischen Wild und Wald erhalten bleibt. Andere Raubtiere wie etwa Füchse oder Eulen machen sich nämlich immer nur den Überschuß an Beutetieren zunutze und haben so keine direkte Auswirkung auf die eigentliche Bestandsentwicklung von Tierarten. Wölfe aber halten tatsächlich Wildbestände in festen Grenzen. Sie würden niemals, wie man es ihnen nachsagt, ihre Beutetiere ausrotten, sie sorgen nur dafür, daß eine Wildart nicht überhandnimmt und daß somit Fauna und Flora im Gleichgewicht bleiben. So kommen in einem nordamerikanischen Nationalpark, wo man Wolf und Elch ohne menschliches Eingreifen leben läßt, seit Jahren konstant auf einen Wolf etwa 30 Elche und damit genau so viele, die dazu beitragen, daß die Elche nicht durch übermäßige Beweidung die natürliche Vegetation zerstören können.

Die Jäger in Mitteleuropa können heute mit Recht geltend machen, daß es ein Bestandteil der Hege in unseren kultivierten Wäldern sein muß, Wild zu schießen, denn hier hat man den Wolf, wie alle anderen Raubtiere, durch jahrhundertelange Verfolgung ausgerottet. Damit ist das natürliche Gleichgewicht im Wald zerstört und muß jetzt gegebenenfalls durch Abschießen wieder hergestellt werden, da sonst der Schaden durch Wildverbiß besonders an jungen Bäumen außerordentlich groß wäre.

1846 wurde im Bayerischen Wald der endgültig letzte freilebende Wolf erlegt. Immer war die Furcht vor dem Wolf ein Hauptgrund für die Menschen, ihn zu töten. Dabei kannte man vom Wolf meist nur sein Heulen, das unheimlich durch die Nacht drang. Der Wolf heule, bevor er gnadenlos und grausam Menschen überfalle, wurde gesagt, auch dämonische Kräfte wies man dem Wolfsheulen zu. Dabei hat es nur eine ganz logisch erklärbare Funktion: Durch das Heulen stellt ein Wolf, der den Anschluß an sein Rudel verloren hat, den Kontakt wieder her, eine einleuchtende Erklärung, die aber früher wohl niemand akzeptiert hätte.

Der Wolf hat keine natürlichen Feinde. Trotzdem vermehrt er sich nicht unbegrenzt. Von den Rüden eines Rudels pflanzt sich nur der ranghöchste mit dem ranghöchsten Weibchen fort.

Noch vor 200 Jahren herrschte die Vorstellung vom Werwolf, einem bösartigen Menschen, der sich in einen Wolf verwandeln konnte. Man fing ihn mit der sogenannten Wolfsangel, einem dreibeinigen Eisen mit Widerhaken. Gefangenen Wölfen machte man regelrechte Prozesse und verurteilte sie meist zum Feuertod, obwohl aus den preußischen Wolfsakten des 18. Jahrhunderts eindeutig hervorgeht, daß niemals ein Mensch von einem Wolf getötet wurde.

Der Wolf wäre für unsere Wälder ein wesentlich besserer Heger als der Mensch. Doch hegt er eben nicht nach forstwirtschaftlichen Aspekten und auch nicht im weidmännischen Sinn der Jäger. Deshalb ist in unseren Kulturwäldern kein Platz mehr für den Wolf. Dies zeigte sich unter anderem 1976 im Bayerischen Wald, als aus dem Gehege des Nationalparks acht Wölfe entkamen. Schon bald darauf bewiesen die ehemaligen Gehegewölfe, daß auch sie sehr wohl in der Lage waren, Wild zu reißen. Deshalb wurde kurzer Prozeß gemacht. Man berief sich auf die Panik in der Bevölkerung und schoß sieben der Wölfe ab. Den Wolf in freie Wildbahn zu entlassen, würde also zu nichts führen. Zu einseitig wäre auch der Wildbestand in unseren viel zu kleinen Wäldern. Zu eingeschränkt wäre das Jagdrevier des Wolfes, denn die letzten Reste an Wald, die unsere Kulturlandschaft noch übrig ließ, stehen vereinzelt und werden von Straßen zerschnitten. Kein Platz für ausgedehnte Streifzüge der Wölfe. So manches Rudel fände wohl auf Straßen und Autobahnen den Tod, andere kämen zwangsweise bis in unsere Siedlungen, auf der Suche nach Nahrung, und obwohl wir uns heute als aufgeklärt, umwelt- und tierfreundlich sehen, würde sich der Wolf mit Sicherheit bei uns nicht beliebt machen. – Das Märchen über den Wolf mit einem bösen Ausgang für *ihn:* Wir haben ihn unwiederbringlich als freilebendes Tier aus der Liste des Lebens gestrichen.

Vom König zum Clown – Der Braunbär

Wir haben alle schon einen Bären gesehen. Natürlich nicht im Wald, dafür aber im Zoo oder im Zirkus, denn da tanzt er für uns und fährt Motorrad, der ehemalige König des Waldes. Und wir haben unseren Spaß daran, und kaum jemand wird sich verschämt der Perversität bewußt: Der kleine, hilflose Mensch degradiert das einst größte und mächtigste Tier unserer Wälder zum billigen Clown mit Hilfe von Peitsche, Maulkorb und Zuckerstückchen.

Verfolgt und gejagt wurde der Bär, seit es Waffen gibt. Sogar die Steinzeitmenschen trieben schon seltsame Kulte um ihn; so fand man in Höhlen Bärenschädel, bei denen in Nase und Maul Tierknochen steckten. Wieder andere Völker scheinen Bärenköpfe zu kultischen Zwecken auf Pfähle aufgespießt und umtanzt zu haben. Die Römer ließen die Bären zu Tausenden fangen und in Arenen so lange gegen Hunde oder Gladiatoren antreten, bis sie tot zusammenbrachen.

Bei uns wurden Bären hauptsächlich ihres Felles wegen gejagt. Aber auch, weil der Mensch in «seinen» Wäldern endlich Ruhe haben wollte und keinen anderen Jäger neben sich duldete. Der anpassungsfähige Allesfresser kann zwar kaum gesunde Wildtiere reißen und begnügt sich mit Fallwild oder krankem Wild, aber man hat ihn bei uns dennoch gnadenlos als Raubtier verfolgt. Hinzu kommt, vor allem beim Braunbären, daß er sich nie an den Menschen und seine zivilisatorischen Begleiterscheinungen gewöhnen konnte. Während der nordamerikanische Schwarzbär relativ gut mit der Zivilisation leben kann und sich in kalten Wintern auch aus Mülltonnen verpflegt und sogar Autofahrer anbettelt, litt der Braunbär zunehmend unter der Existenz des Menschen.

Der Braunbär, das größte «Raubtier» unserer heutigen Landsäugetiere, wurde vor 150 Jahren für immer bei uns ausgerottet.

Die wichtigsten Bärenarten sind schon genannt: Man unterscheidet Braunbär, Grizzly, Schwarzbär, Eisbär und noch mehrere kleinere Bärenarten. Davon sind die Braunbären die jüngste Art, vertreten besonders in unseren Breiten und zugleich das größte Raubtier in Europa. Die jahrhundertelange Bejagung durch den Menschen mit immer noch besseren, grausameren Waffen wurde auch ihm schließlich zum Verhängnis, da er sich, wie alle Raubtiere, nur sehr langsam fortpflanzt. Ein Bär kann aber bis zu 30 Jahre alt werden, und das Braunbärmännchen bringt es auf ein Gewicht bis zu 270 kg. Braunbären sind Einzelgänger, Männchen und Weibchen kommen nur zur Paarung zusammen.

Ein bis drei Junge hat die Bärin durchschnittlich, geboren werden sie im Dezember oder Januar, noch im Winterlager, das das Weibchen in Höhlen, Reisighaufen oder selbstgegrabenen Erdlöchern baut. Die Jungen sind nach der Geburt blind und völlig hilflos. Das Weibchen zieht sie auf und säugt sie, ohne dabei selbst Nahrung aufzunehmen. Erst Ende April wird das Winterlager verlassen. Insgesamt bleiben die Jungbären etwa zwei Jahre bei der Mutter, was bedeutet, daß diese nur alle drei Jahre Junge haben kann. Eine relativ niedrige Geburtenrate also, aber unter normalen, natürlichen Umständen hätte die Anzahl der Nachkommen völlig zur Bestanderhaltung der Art ausgereicht, wäre da nicht die Ausrottung durch den Menschen gewesen.

Nur in Ausnahmefällen geschah es bis heute, daß ein Bär gesundes Wild riß oder Menschen anfiel. Seine Nahrung besteht hauptsächlich aus Gräsern, Laub, Wurzeln, Zweigen, Nüssen, Beeren und Obst. Auch gräbt er nach Honigwaben von Wildbienen, nach Insektenlarven und Ameisenpuppen. Er frißt Fallwild, Vogelgelege, Jungvögel und andere Jungtiere. Von den Wildtieren schlägt er höchstens krankes oder altes Wild, denn vom Körperbau her ist der Bär zu plump, um zu jagen. Dafür sind seine kräftigen Gliedmaßen und seine großen Tatzen ideal, um zu scharren und zu graben.

In Europa gibt es Braunbären nur noch im Osten und in Restbeständen in Skandinavien, den Abruzzen und den Südalpen. Bereits 1833 wurde der letzte Braunbär im Bayerischen Wald erlegt, und man feierte dazu ein großes Fest. Heute hält man in einem Freigehege des Nationalparks Bayerischer Wald Bären als Touristenattraktionen. Das ist geblieben vom Braunbären in der Bundesrepublik Deutschland. Eine Wiedereinbürgerung ist unmöglich und undenkbar, weil es ausgedehnte Wälder bei uns nicht mehr gibt und somit auch keinen Lebensraum mehr für den Bären.

Lautlos leben, lautlos sterben – Der Elch

In Deutschland und in großen Teilen Europas ist der Elch, der die größte Familie der heute lebenden Hirscharten bildet, schon lange ausgestorben. Früher war er über ganz Europa verbreitet, doch wurde ihm letztlich sein imponierendes Schaufelgeweih zum Verhängnis. Denn dieses lockte die Jäger, und so wurde der Elch gnadenlos verfolgt. In Ostpreußen, wo man sich stets um Elchhege bemühte, ging man sogar dazu über, alle «Stangler», das sind Elche, deren Geweihe keine Schaufeln ausbilden, abzuschießen, da man befürchtete, die Elche seien im Begriff, ihr stolzes Schaufelgeweih zu wandeln. Dies sollte verhindert werden, um das Elchgeweih in alter Form als Jagdtrophäe zu erhalten. Deshalb mußten alle Elche sterben, deren Geweihe nicht den Vorstellungen der Jäger entsprachen.

Der Elch ist ein ausgesprochenes Waldtier; er bevorzugt Auwälder und feuchte Laubwälder. Vor der systematischen Kultivierung von Feld und Forst fand man ihn fast überall in Europa. Durch den Rückgang der Laubwälder sowie die systematische Aufforstung mit Nadel-Nutzholz und durch die Trockenlegung der feuchten Auwälder wurde der Elch aus weiten Gebieten verdrängt.

Viele seiner Eigenschaften wurden früher aus Unkenntnis falsch gedeutet und sorgten für die Entstehung abwegiger Geschichten. So berichtete etwa der römische Naturforscher Plinius d. Ä. in einer Naturbeschreibung, daß der Elch rückwärtsgehend weide, weil seine Oberlippe zu dick sei, als daß er wie andere Tiere vorwärtsgehend weiden könne.

Die Oberlippe des Elchs ist tatsächlich sehr ausgeprägt, sie ist aber ideal geeignet zum Abbrechen von Ästen und Zweigen und um Blätter von Zweigen abzustreifen – lebenswichtige Funktionen also für den Elch, da Blätter, Knospen und junge Triebe seine Hauptnahrung bilden. Weil der Hals des Elches sehr kurz ist, kann er nicht wie andere Hirsche in normaler Haltung auf Wiesen äsen, sondern muß dazu die Vorderbeine grätschen oder sogar auf die Handgelenke knien, um mit dem Kopf den Boden zu erreichen. Weitaus bequemer und typischer ist es deshalb für ihn, kleine Zweige und junge Äste von Bäumen und Büschen abzuknabbern oder in Sümpfen, oft bis an die Knie eingesunken, Wasserpflanzen zu zupfen.

Elche machen weite Wanderungen, oft über Hunderte von Kilometern und vor allem im September, zur Brunftzeit. Man hat sie dabei sogar schon weit draußen in der Ostsee zwischen Schweden und den Ölandinseln ziehen sehen. Während der Brunft kann man auch das Röhren der Hirsche hören und die Schläge ihrer Geweihe, mit denen sie gegen die

Der Elch war im Frühmittelalter über ganz Deutschland verbreitet. Mit dem Verschwinden der Laub- und Sumpfwälder ging auch der Elchbestand bei uns zurück.
Die Aufnahme entstand in Schweden.

Baumstämme krachen. Wie die Rothirsche tragen auch die Elche in dieser Zeit ihre Kämpfe aus, jedoch verlaufen diese wesentlich ruhiger und friedlicher als bei den Hirschen.

Während der übrigen Jahreszeit bewegt sich der Elch geradezu lautlos und heimlich in den Laubwäldern, und man hört und sieht ihn nicht, da er sich meist im Hochwald oder in kleinen Weidedickungen verbirgt, geschickt jede Deckung nutzend. Ein Schwede sagte uns dazu einmal: «Jährlich werden 100000 Elche geschossen, und wenn man in den Wald geht, sieht man keinen.»

Elch und Elchkuh bleiben nur kurze Zeit zusammen. Meist hat die Elchkuh bei der Paarung noch ein Kalb vom Vorjahr bei sich. Zwischen April und Juni werden die Elchkälber geboren und bleiben etwa zwei Jahre bei der Mutter. Mit knapp zwei Jahren sind sie schließlich fortpflanzungsfähig.

Bei uns fehlen vor allem Weich- und Laubgehölze, Auwälder und die für den Elch lebenswichtigen ausgedehnten Flächen. Andernorts wie zum Beispiel in Ostpreußen wurde schon im vergangenen Jahrhundert versucht, durch rechtzeitige Hege und gezielte Maßnahmen den Elch zu erhalten, aber nachdem im Jahr 1849, nach der Revolution, kurzzeitig die allgemeine Jagdfreiheit ausgerufen worden war, gab es in Ostpreußen schließlich nur noch 11 Elche.

Einst eine Bereicherung, heute ausgestorben – Der Wisent

Von allen Wildrindarten, die einst in den weiten, zusammenhängenden Laub- und Mischwäldern Europas lebten, gibt es in der Bundesrepublik Deutschland und den Nachbarländern keine einzige freilebende Art mehr. Wisent und Auerochse wurden schon vor vielen Jahren ausgerottet. 1627 starb der letzte Auerochse und der letzte freilebende Wisent schließlich 1921. Noch im frühen Mittelalter war der Wisent über große Teile Europas verbreitet. Doch je mehr Wälder gerodet, je ausgedehnter die menschlichen Siedlungen wurden, desto weiter wurde der Wisent nach Osten, nach Litauen, Polen und Ungarn verdrängt und schließlich durch Bejagung bis auf einen kleinen Restbestand im Urwaldgebiet von Bialowieza in Polen ausgerottet. Dort konnte sich der Wisent nur halten, weil sich die polnischen Könige persönlich um seine Hege kümmerten. Zur Zeit des Ersten Weltkriegs lebten europaweit in Zoos und privaten Wildgattern noch kümmerliche 56 Wisente, dann wurde schließlich im August 1923 die «Internationale Gesellschaft zur Erhaltung des Wisents» gegründet.

Der Lebensraum des Wisents sind große Waldgebiete, er ernährt sich vor allem von Kräutern und Gräsern und im Winterhalbjahr auch von Zweigen und Laubbaumrinde. Männliche Tiere werden bis zu einer Tonne schwer, und entsprechend groß ist ihr Hunger. Dies war früher mit ein Grund für die Jäger, den Wisent nicht nur seines Fleisches wegen zu töten, sondern auch, weil er Baumbestände abfraß und zerstörte.

Vor allem im August und September mußten die Wälder leiden, denn das ist die sogenannte Rinderzeit: Dann bearbeiten die Stiere häufiger als sonst junge Bäume mit ihren Hörnern und sind allgemein sehr aggressiv.

Das Wisentkalb kommt nach seiner Tragzeit von neun Monaten zur Welt und bleibt ein Jahr bei der Mutter. Deshalb werden Wisente nur jedes zweite Jahr trächtig. Außerdem werden sie erst in ihrem dritten bis vierten Lebensjahr geschlechtsreif. Diese niedrige Fortpflanzungsrate ist unter natürlichen Bedingungen ausreichend, da der Wisent wie

Der Wisent war bis zum frühen Mittelalter über ganz Europa verbreitet. Im Ersten Weltkrieg wurden die letzten noch freilebenden Tiere in Polen getötet. Heute leben wieder aus Zoo- und Wildgatterbeständen nachgezüchtete Wisente im Urwald von Bialowieza, einem Naturschutzgebiet in Polen.

alle Großtiere vergleichsweise wenig Feinde hat und zugleich im Schutz großer Familienverbände lebt.

Wäre nicht 1956 im Urwald von Bialowieza in Polen wieder eine kleine Herde von Wisenten aus Zoo- und Wildgatterbeständen freigelassen worden, so gäbe es heute in ganz Europa keinen freilebenden Wisent mehr. In der Bundesrepublik Deutschland werden in einem Gehege des Nationalparks Bayerischer Wald Wisente gehalten, als Bereicherung für die Besucher der Freigehege. Gehege wohlgemerkt, denn auch der Wisent gehört zu den Tieren, die man bei uns nie wieder einbürgern kann, da – wie schon erwähnt – die dafür erforderlichen ausgedehnten, ruhigen, naturbelassenen Mischwälder bei uns endgültig und wohl unwiederbringlich der Vergangenheit angehören.

«Fischräuber» mit begehrtem Fell – Der Otter

Ein Tier, das es in der Bundesrepublik Deutschland noch vereinzelt gibt, das aber unmittelbar vom Aussterben bedroht ist, ist der Otter, der als Schädling der Fischgewässer und als Fischräuber charakterisiert und entsprechend verfolgt wurde.

Seit 1968 ist er in der Bundesrepublik offiziell ganzjährig geschützt. Doch noch immer wird er vor allem von Fischteichbesitzern und Anglern ungern gesehen. Dabei machen Fische nur einen Teil seiner Nahrung aus, und in den Gewässern eines Otterrevieres bleiben die Fischbestände konstant. Die Fische, die ausfallen, werden nicht vom Otter gefangen, sondern sterben durch Gewässerverschmutzung und -vergiftung. Überwiegend ernährt sich der Otter von lebensuntüchtigen Tieren, darunter von Krebsen, Muscheln oder Bisamratten. Er wird bis zu 12 Kilogramm schwer und 120 bis 150 Zentimeter lang, wovon etwa ein Drittel seiner Körperlänge den kräftigen Schwanz ausmacht, der ihm im Wasser als Steuer dient. Gerudert wird mit den Füßen, die dafür große Schwimmhäute zwischen den Zehen haben.

Mit seinem walzenförmigen Körper ist der Otter an Land relativ unbeholfen, um so geschickter aber bewegt er sich im Wasser, an das er optimal angepaßt ist. Er kann sogar beim Tauchen seine Ohren verschließen.

In der Paarungszeit, die je nach Futterangebot schwankt zwischen Februar und März, sind nachts die lauten Pfiffe des Männchens zu hören. Gewöhnlich im Mai wirft das Weibchen zwei bis sechs Junge. Oft werden aber auch in anderen Monaten Weibchen mit jungen Ottern entdeckt. Die Experten sind sich aber noch nicht einig darüber, ob das Weibchen zweimal Junge hat, ob die Paarung auch in anderen Monaten stattfindet oder ob sich, je nach Nahrungsangebot, die Tragzeit verlängern kann.

Nach ungefähr acht Wochen begleiten die Jungen die Mutter das erste Mal zum Beutefang. Sie bleiben dann noch etwa ein Jahr bei der Mutter; geschlechtsreif sind sie erst mit zwei bis drei Jahren. Der Otter wohnt in einem Bau, einer natürlichen oder selbstgegrabenen Höhle, meist in der Uferböschung eines Baches oder Flusses. Dieser Bau hat verschiedene Eingänge unterhalb des Wasserspiegels und einen großen Wohnkessel, der stets oberhalb des Wasserspiegels liegt und mit einem Luftgang zur Erdoberfläche versehen ist.

Noch Anfang dieses Jahrhunderts war der Otter bei uns weit verbreitet. Heute allerdings ist er nahezu ausgerottet. Nur in Schleswig Holstein und im Bayerischen Wald konnte sich ein Restbestand halten. Bedroht ist der Otter in ganz Europa. Das Hauptproblem ist vor allem, daß die wenigen Otterbestände inselartig voneinander getrennt sind. So ist die Gefahr noch größer, daß Restpopulationen, etwa durch Krankheit oder schlechte Nahrungsbedingungen, plötzlich zusammenbrechen und verschwinden. Der Otter paßt sich unserer Zivilisation nicht an. Er braucht viel Ruhe, vor allem bei der Jungenaufzucht. Daher findet man größere Otterbestände nur noch dort, wo der Mensch nicht oder kaum stört, und deshalb gibt es vor allem in Mitteleuropa, in unseren dichtbesiedelten Gebieten also, praktisch keine Überlebenschance mehr für den Otter. In der Bundesrepublik existieren nur noch etwa 200 Exemplare.

Otter sind sehr verspielte Tiere. Sie können Stunden damit zubringen, auf Eisflächen umherzurutschen, und unterbrechen dazu gerne ihre kilometerweiten Wanderungen. Diese Wanderungen, oft zwischen 20 und 50 Kilometer pro Nacht entlang der Gewässer, garantieren gleichzeitig, daß der Otter nicht einen bestimmten Raum völlig «ausbeutet», wie es ihm von Anglern häufig nachgesagt wird, sondern daß er stets an neuen Orten nach Nahrung sucht. Es ist daher Unsinn, dem Otter anzudichten, er fische Gewässer «tot», weil er angeblich mehr fange, als er fressen könne. Dies kann einerseits nicht sein, weil er nie lange genug an einem Ort bleibt, zum anderen ist das Nahrungsangebot heute so mager, daß er kaum genügend Nahrung findet. Tatsächlich ist der Otter kein «Fischräuber», sondern sehr nützlich. Denn als «Allesfresser» frißt er, vor allem im Frühjahr, auch Aas und kranke Tiere.

Die Hauptgründe für den drastischen Rückgang des Otters liegen vor allem in der Verschmutzung der Gewässer, denn das Tier reagiert sehr empfindlich auf Veränderungen in seinem Lebensraum und ist daher gleichzeitig Indikator für die Sauberkeit der Gewässer.

Nicht nur die Gewässer des Otters verschmutzen mehr und mehr, sondern sein Lebensraum wird auch immer weiter eingeengt. Bachufer werden erschlossen, begradigt, Bäche eingedohlt, Stauseen gebaut und Schleusen in die Flüsse gesetzt, Bachufer neu aufgeforstet und neu bewirtschaftet. Straßen und Siedlungen grenzen oft schon an die Ufer von Flüssen und Bächen und damit auch an die Rückzugsbiotope des Otters. Immer weniger Möglichkeiten hat er dadurch, genügend Nahrung zu finden. Wenn man bedenkt, daß er pro Nacht bis zu 50 Kilometer zurücklegt und sich sein Revier normalerweise bis zu 80 Kilometer Bachlänge ausdehnen kann, fragt man sich zu Recht, wo der Otter heute noch solche ungestörten, naturbelassenen Bäche finden kann.

Manche Otter geraten außerdem in Fallen, die eigentlich für Füchse oder Marder aufgestellt wurden, oder sie fallen Giftaktionen gegen Bisamratten zum Opfer.

Keine Chance mehr also für den Otter in unseren freien Gewässern. Kaum eine Chance aber auch für die Otter in Zoos und Nationalparks. Denn die Otterzucht ist in Gefangenschaft bisher nur selten gelungen. Alles, was heute versucht wird, um dem Otter in der freien Natur das Überleben zu sichern, ist von vornherein zum Scheitern verurteilt. Wirklich sinnvoll könnte dies nur sein, wenn gleichzeitig alle Ursachen für den Rückgang des Otters bekämpft würden.

Doch gerade an Gewässern wurde in der Vergangenheit zu viel gesündigt, wurden Schäden angerichtet, die heute nur sehr langsam oder gar nicht wiedergutzumachen sind. Der radikale Eingriff in unsere Gewässer hatte nicht nur für den Otter schwere Folgen. Auch andere Tier- und Pflanzenarten wurden dabei gestört und zerstört, denn in begradigten Bächen und Flüssen fließt das Wasser wesentlich schneller als bei natürlichem Bettverlauf. Die Folge ist, daß Amphibien nicht mehr ablaichen können, weil der Laich sofort von der Strömung fortgerissen wird. Außerdem enthalten schnellfließende Gewässer meist gar keine Wasserpflanzen mehr, die ebenfalls von vielen Wassertieren zum Ablaichen gebraucht werden. Die Folge: Es befinden sich fast keine Tiere mehr in unseren kultivierten Wasserläufen.

Schon vor mehr als 100 Jahren hat man begonnen, Gewässer zu verändern, wenn auch noch nicht in dem Maß wie heute. Damals wurden zum Beispiel im Bayerischen Wald Bäche zum Zweck des Triftens begradigt, wobei man beim Triften abgeholzte Baumstämme stromabwärts treiben ließ. Damit die Stämme nicht in der Uferböschung hängenblieben, begradigte man Bäche und Flüsse, glättete und säuberte die Uferböschungen. Hinzu kam später die Trockenlegung und das Eindohlen von Bächen im Rahmen der Flurbereinigung oder anderer Baumaßnahmen.

Ein Hauptproblem ist, wie schon erwähnt, die starke Verschmutzung der Gewässer. Das Wasser wird nicht nur durch Fabrikabwässer, sondern auch durch Pestizide und Dünger aus der Landwirtschaft verschmutzt, die über das Grundwasser in die oberirdischen Wasserläufe gelangen.

Mit der Verschmutzung versauern die Gewässer zunehmend. Dies wird noch verstärkt durch die Fichtenbestände, mit denen oft bis an die Bachufer neu aufgeforstet wurde. Vor allem aus Fichtennadeln stammen die Huminsäuren, die neben Schwermetallen in der Luft und dem Sauren Regen wesentlich für das Absinken des pH-Wertes, also für das Versauern von Boden und Wasser verantwortlich sind. Die Bepflanzung mit hochstämmigen Pflanzen bis direkt an die Ufer bringt natürlich für die Holzwirtschaft erheblich mehr Fläche zum Anpflanzen von Fichten.

So fällt weniger Sonnenlicht auf das Wasser, es kann sich nicht mehr erwärmen, was wiederum zum Ausfall bestimmter Fisch- und Amphibienarten führt.

Von Fischereivereinen werden immer wieder einzelne Fischarten in Gewässer neu eingesetzt. Dies geschieht jedoch meist nicht nach ökologischen Gesichtspunkten, sondern nach Angler-Interessen. Setzt man aber eine Fischart vermehrt ein, wird das ohnehin schon gestörte Gleichgewicht im Gewässer noch mehr durcheinandergebracht.

Seit Angeln nicht mehr nur dem unmittelbaren Nahrungserwerb dient, seit es zur Freizeitbeschäftigung, zum Sport geworden ist, seitdem es Vereine gibt, fischen – trotz zurückgehender Fischbestände – immer mehr Angler in unseren Gewässern. Das wirkt sich nicht nur auf den Fischbestand aus. Viele Angler bringen auch viel Unruhe in den Wald und an die Bachläufe. Tiere, wie auch der Otter, werden gestört und die Vegetation zertrampelt.

Massive Störungen bringen aber nicht nur die Angler, sondern der Tourismus allgemein. Wanderwege entlang der Gewässer, Skiwanderwege im Gebirge, Bänke an den Ufern, Grillplätze, Spielplätze, Trimmpfade, Bootfahrer und Badende.

Der Otter wird heute zwar weniger als Fischräuber gesehen als früher, aber dennoch sollte die Öffentlichkeit immer wieder über die Biologie und die Ernährungsgewohnheiten des Otters informiert werden. Der Handel mit Otterfellen sollte international verboten werden.

Obwohl es im Bayerischen Wald noch einige Otter gibt, finden sie dort bei weitem keine optimalen Lebensbedingungen. Aufgrund des rauhen Klimas ist das Nahrungsangebot gering, und in dieser fremdenverkehrsreichen Region wird der Otter häufig gestört. Der Bayerische Wald ist auch gar nicht der ursprüngliche Lebensraum des Otters, vielmehr wurde er mit der Ausbreitung der Zivilisation immer weiter in diese unwirtlichen rauhen Gefilde verdrängt. Der Otter sollte eine Chance bekommen, vom Bayerischen Wald aus in wärmere Gegenden in tieferen Lagen zu wechseln. Dies wäre allerdings nur möglich, wenn er entlang der Flüsse und Bäche ungehindert wandern könnte.

Bachläufe sollten in ihrem natürlichen Zustand belassen oder in ihre ursprüngliche Form zurückversetzt werden, und zwar dadurch, daß die

---

➠

Der Otter gehört zu den Säugetieren, die am stärksten vom Aussterben bedroht sind. Durch seine Vorliebe für Fische hat man ihn rücksichtslos verfolgt.

Ufervegetation nicht mehr mit Fichten, sondern mit Niederholz oder Weichlaubholz bepflanzt wird, und dadurch, daß die Wasserläufe von ihren Begradigungs-Korsetten befreit werden und wieder ihrem natürlichen Verlauf folgen können. An Stauwehren, die sich nicht vermeiden lassen, müßten zumindest Fischleitern angebracht werden. Die Jagd auf Bisamratten müßte in Otterbiotopen eingestellt werden, weil allzuoft Otter in Bisamrattenfallen verenden oder der Bisambegiftung zum Opfer fallen.

Langfristig wird Otterschutz nur möglich sein, wenn die Bevölkerung und vor allem die zuständigen Beamten in den Naturschutzbehörden ausreichend aufgeklärt sind. Die bloße Veränderung einzelner Faktoren ist zu wenig in einem Kreislauf, der sich wechselseitig bedingt.

Verständnis und Handeln brauchen immer noch zuviel Zeit. Ob dem Otter noch viel Zeit bleibt, ist fraglich.

Verwechslung mit Todesfolge – Der Biber

Auch der Biber lebt am und im Wasser und wurde wie der Otter gnadenlos verfolgt. Der letzte Biber in Bayern wurde 1867 beobachtet, also vor mehr als 100 Jahren.

Ein Grund, weshalb man den Biber verfolgte, war wohl der, daß er dem Otter sehr ähnlich sieht und man ihn deshalb ebenfalls als Fischräuber verdächtigte. Doch das ist der Biber nicht. Er ernährt sich nur von Pflanzen, von Gräsern und Wurzeln. Und im Winter, wenn das Nahrungsangebot zurückgeht, lebt er von den dünnen Rinden junger Bäume, bevorzugt von Eschen, wozu er dann schon mal einen Baum fällt. Oder er ernährt sich von dem Wintervorrat an Rindennahrung, den er unter Wasser anlegt, denn er hält keinen Winterschlaf. Bäume fällt der Biber mit seinen scharfen Schneidezähnen, indem er seinen bis zu einem Meter langen Körper aufrichtet und sich auf seinen kräftigen Schwanz abstützt.

Der Schwanz des Bibers mag wohl auch einen weiteren Anlaß gegeben haben, ihn zu verfolgen. Um das Fast- und Abstinenzangebot etwas zu lockern und ein Stück Fleisch dennoch verzehren zu können, mußte der Biber mit der Begründung herhalten, daß sein Schwanz Schuppen trage. Und ein Tier mit einem Schuppenschwanz sei ein Fisch, wie ein Gutachten der Medizinischen Fakultät in Paris belegte, und könne somit in der vorösterlichen Zeit ohne Bedenken verzehrt werden. Doch damit nicht genug. Es scheint so, als drehte und wendete man das Leben des Bibers, wie man es gerade brauchte. Da rankten sich zum Beispiel

Legenden um das Drüsenöl aus den beiden Duftdrüsen des Bibers. Er braucht dieses Öl zum Einfetten seines Felles und zur Markierung seines Reviers. Im Volksmund galt dieses Öl als Mittel zur Steigerung der Manneskraft, und in der medizinischen Praxis des Mittelalters wurde es als Wundermittel gegen vielerlei Krankheiten verwendet.

Worauf es den Jägern jedoch vor allem ankam, war der Biberpelz, denn mit 23000 Haaren je Quadratzentimeter auf der Bauch- und rund 12000 Haaren pro Quadratzentimeter auf der Rückenseite schien er den Menschen ideal, um damit gut durch den kalten Winter zu kommen. Deshalb wurden Biber für warme Wintermäntel in Scharen erlegt.

Und schließlich gibt es noch eine Legende um den Biber. Die Legende von gewaltigen Dämmen und Burgen, die er baut, von ganzen Wäldern, die er geradezu mutwillig abholzt. Dabei baut der Biber seine Burg hauptsächlich aus Ästen und Zweigen, immer am Wasser, mitten hinein oder an das Ufer, meterhoch aufragend, mit Eingängen, die stets unterhalb der Wasseroberfläche liegen.

Die legendären Dämme baut er nur, wenn ihm das Gewässer zu flach erscheint und seine Eingänge nicht mehr unter der Wasseroberfläche liegen. Aber auch dann genügen meist wenige Meter Damm. Ganz selten wurden Dämme von mehreren hundert Metern Länge beobachtet. Wenn das Wasser zu sehr steigt, fällt er auch Bäume, um seine Burg zu erhöhen, denn die Burg hat in der Mitte einen Luftschacht, und die Öffnung muß natürlich immer über der Wasseroberfläche liegen. Bei konstantem Wasserspiegel verändert der Biber überhaupt nichts.

Der Biber ist also harmloser, als manche glauben wollen. Da er kaum natürliche Feinde hat, vermehrt er sich entsprechend langsam. Einmal im Jahr wirft das Weibchen zwei bis fünf Junge, die bis zu drei Jahre im Familienverband bleiben, bevor sie ihre eigene Familie gründen.

Der Biber ist das größte europäische Nagetier, er wird bis zu 20 Kilogramm schwer. Auch er ist an seinen Lebensraum Wasser optimal angepaßt, wie zum Beispiel durch Schwimmhäute zwischen den Zehen der Hinterfüße und durch seinen kräftigen, beschuppten Schwanz, der ihm als Ruder dient. Auch dort, wo es den Biber noch gibt, bekommt man ihn kaum zu sehen, denn aktiv wird er meist erst in der Dämmerung und bei Nacht. Und seit Flüsse begradigt und reguliert wurden, verschwand der Biber fast ganz aus unserer Kulturlandschaft.

Ende der sechziger Jahre bemühte sich der Bund für Umwelt- und Naturschutz (BUND) darum, den Biber in Deutschland wieder einzubürgern. 1970 wurde ein Biberpaar im Nürnberger Reichswald ausgesetzt. Dort, in einem typischen Auwaldgebiet, wie es heute nur selten anzutreffen ist, gab es die für Biber so wichtigen Pappeln. Kurze Zeit darauf

Otto Hahn bei den Dreharbeiten zur ZDF-Reihe «Notruf aus der Arche»: Vom Biber gefällte Bäume an einem Baggersee bei Donauwörth.

begannen die ausgesetzten Biber auch schon damit – was Förster befürchtet hatten – nämlich die forstwirtschaftlich so wertvollen Pappeln zu fällen und einen Damm zu bauen, denn der Wasserspiegel im Auwald war sehr niedrig. Nachdem das Stauwerk der Biber vollendet war, geschah jedoch geradezu Wunderbares: Mit dem Anstieg des Wasserspiegels gedieh plötzlich eine neue Vegetation. Die Uferböschungen grünten wieder, und mit einem Mal kamen auch wieder seltene Vögel, wie Eisvogel und Graureiher, nachdem sich auch der Fischbestand, ebenfalls aufgrund des angehobenen Wasserspiegels, vermehrt hatte.

Das Beispiel Nürnberger Reichswald zeigt, daß der Biber eines der wenigen Lebewesen ist, das sich selbst einen idealen Lebensraum schaffen kann, wenn man ihm die Gelegenheit dazu gibt. Viele andere Lebewesen profitieren dann davon.

Biber wieder einzusetzen und Biber zu schützen, ist deshalb ein großer und effektiver Schritt zum Erhalt und zur Neubildung natürlicher Ökosysteme.

Heute wachsen im Nürnberger Reichswald wieder charakteristische und seltene Pflanzenarten eines Auwaldes, wie Sumpf-Lappenfarn, Wal-

Der Biber, unser größtes europäisches Nagetier, ist ganz ans Wasser angepaßt. Er wurde vom Menschen erbarmungslos verfolgt und ist heute vom Aussterben bedroht.

zen-Segge, Sumpf-Reitgras, Gelbe Schwertlilie, Sumpfveilchen und sehr selten vorkommende Aumoose; auch die Insekten sind zahlreicher geworden und damit natürlich auch die Vögel.

Nach all diesen Erkenntnissen bemüht man sich heute, Biber bei uns wieder anzusiedeln. Hauptsächlich stammen diese Biber aus Schweden. Die Einbürgerung ist jedoch nicht leicht, und der Nachwuchs überlebt nicht immer. Wahrscheinlich wird es auch bei vereinzelten Biber-Beständen bleiben müssen, denn Laubwälder und Auwälder sind selten geworden, und mit den von der Holzwirtschaft beherrschten Fichtenbeständen können die Biber nichts anfangen. Und auch dort, wo Laub- und Auwälder für die Biber noch Lebensraum bieten könnten, werden wohl langfristig immer die Interessen für wasserbauliche Maßnahmen oder die der Land- und Forstwirtschaft Vorrang haben.

Im Abseits des Gruselfilms – Die Fledermaus

Wir kennen sie alle, obwohl die wenigstens von uns sie schon in natura gesehen haben. Aber aus Filmen kennen wir sie, aus Gruselfilmen, aus Schauermärchen, als Vampire, als Blutsauger. Sie stürzen sich herab in der Nacht, lautlos, überfallen Menschen, klammern sich an Hälse, saugen Blut, töten...

Dabei sind unsere Fledermäuse weder gefährlich oder eklig, noch saugen sie Blut. Sie fallen uns nicht an und versuchen nicht, uns zu töten. Der einzige, der tötet und ausrottet, ist der Mensch. Nicht wir sind von den Fledermäusen bedroht, sondern wir haben es geschafft, die Fledermäuse fast auszurotten.

Daß Fledermäuse den Menschen schon immer beschäftigten, liegt wohl daran, daß etwa die Hälfte aller Arten Kulturfolger sind, das heißt, daß sie die menschliche Zivilisation, Häuser, Höfe und Kirchen brauchen, um dort tagsüber zu schlafen oder ihre Wochenstuben einzurichten. Dem Menschen war und ist die Fledermaus aber trotz ihrer unmittelbaren Nähe ein Rätsel, denn sie ist nur in der Nacht oder in der Dämmerung unterwegs. Außerdem hat sie ein Fell, aber fliegt wie ein Vogel und dazu noch lautlos durch die dunkle Nacht. Auch ihre eigentümliche Art, mit dem Kopf nach unten aufgehängt zu schlafen, verwirrt uns.

Fledermäuse sind tatsächlich in jeder Hinsicht etwas Besonderes. Sie sind die einzigen Säugetiere, die fliegen können, und sie existieren seit nachweislich 50 Millionen Jahren unverändert in den heute bekannten Formen und haben, als Insektenfresser, ihre eigene ökologische Nische gefunden, indem sie sich auf nachtaktive Insekten spezialisierten.

Doch was sind schon 50 Millionen Jahre Erdgeschichte gegenüber ein paar Jahrzehnten Industrialisierung in unserem technischen Zeitalter! In dieser kurzen Zeit haben wir es auch geschafft, alle 22 bei uns vorkommenden Fledermausarten in ihrem Bestand zu gefährden, manche in einzelnen Bundesländern sogar ganz auszurotten.

Noch in den fünfziger und sechziger Jahren waren Hufeisennase, Mopsfledermaus und Mausohr bei uns relativ häufig. Doch schon Ende der siebziger Jahre waren sie auf ein Fünftel ihres Bestandes zurückgegangen. Immerhin führte man zumindest in einigen Gegenden, so auch im Bereich der Schwäbischen Alb, in den letzten Jahren zahlreiche Schutzmaßnahmen durch, um das endgültige Aussterben der Fledermäuse zu verhindern. Doch ist es fast zu spät, denn viele Arten sind nur noch in Restbeständen ganz vereinzelt anzutreffen.

Vom Aussterben bedroht sind: Mopsfledermaus, Wimperfledermaus, Große Hufeisennase und Kleine Hufeisennase.

Das Große Mausohr ist unsere größte Fledermausart. Im Gegensatz zu den übrigen Arten fängt sie die Insektennahrung nicht nur im Flug. Hauptsächlich Laufkäfer, aber auch Heuschrecken und Spinnen nimmt sie direkt vom Boden auf.

Stark gefährdet sind: Nordfledermaus, Breitflügelfledermaus, Große Bartfledermaus, Mausohr, Kleine Bartfledermaus, Fransenfledermaus, Kleinabendsegler, Rauhhautfledermaus, Alpenfledermaus, Braunes Langohr, Graues Langohr und Zweifarbfledermaus.

Doch damit noch nicht genug. Gefährdete Fledermäuse sind: Bechsteinfledermaus, Wasserfledermaus, Abendsegler und Zwergfledermaus.

Was den Fledermäusen besonders zu schaffen macht, ist in erster Linie die Verknappung ihrer überwiegend aus Insekten bestehenden Nahrung, dazu kommt die Giftbelastung ihrer Nahrungstiere, die Zerstörung ihrer Wochenstuben und Winterquartiere. Fledermäuse, die weitab von der Zivilisation leben, wie etwa die Wasserfledermaus, sind zwar auch gefährdet, aber nicht in dem Maß wie die an unsere Siedlungsräume gebundenen Fledermäuse.

Auf der Erde leben ungefähr 900 verschiedene Fledertierarten. Davon bilden Fledermäuse die zweitgrößte Gruppe innerhalb der Säugetiere. Sie kommen auf der ganzen Welt vor und haben sich an die verschiedensten Lebensräume angepaßt. In den Tropen gibt es Fledermäuse, die sich, wie unsere Bienen, von Nektar und Pollen ernähren und so als «Riesenbienen» mit für die Bestäubung der Pflanzen sorgen. Unsere Fledermäuse haben ein typisches Insektenfressergebiß. Mit den spitzen Zähnen können sie Beutetiere wie Nachtfalter, Fliegen, Käfer und Mücken, die sie im Flug aufnehmen, gut zerkleinern. Die Fledermaus arbeitet weniger mit den Augen, aber um so mehr mit ihrem Gehör und ihrem «akustischen Radar». Dazu stößt die Fledermaus schrille Töne aus, die im Ultraschallbereich liegen. Die Schallwellen werden von der Beute oder einem Hindernis zurückgeworfen und als Echo von der Fledermaus wahrgenommen: Echopeilung in der Fachsprache.

Der Körper der Fledermaus ähnelt stark dem einer Maus. Oberarm, Unterarm, vier Finger, Unterschenkel und Schwanzwirbel sind jedoch zu dünnen Stäben verlängert und werden von der zarten Flughaut überspannt. Der Daumen trägt eine starke Kralle, die zum Festhalten beim Kriechen und zum Aufhängen dient, denn die Fledermaus schläft – wie schon erwähnt – mit dem Kopf nach unten hängend.

Jede Fledermausart hat ihren eigenen Jagdraum. Abendsegler jagen zum Beispiel auf Höhe der Baumkronen, während Langohrfledermäuse zwischen den Ästen der Bäume auf Jagd gehen oder Insekten von den Blättern absammeln. Mausohrfledermäuse dagegen jagen direkt über oder auf dem Boden im Gras. Wirklich lohnend ist die Jagd für Fledermäuse nur dort, wo es ein breites Angebot an Insekten gibt.

Fledermäuse halten bis zu fünf Monate Winterschlaf. Je nach Art überwintern sie in verschiedenen Höhlen, Fels- oder Mauerspalten, alten Stollen und Gewölben, in Gebäuden oder hohlen Bäumen. Einige Arten legen bis zu ihren Winterquartieren lange Wanderungen zurück. Ende März, Anfang April suchen sie sich dann ihre Sommerquartiere, die – je nach Fledermausart – verschieden sind, wie zum Beispiel Dachstühle, hohle Bäume, Felsspalten, Mauerspalten oder Fledermauskästen. Hier schlafen sie tagsüber und richten auch ihre Wochenstuben ein. Die Wochenstuben werden im Frühjahr gebildet. Die Weibchen sammeln sich dazu in kleinen Gruppen und bringen meist Anfang Juni die Jungen zur Welt. Die meisten Fledermausarten haben nur ein Junges. Weil es nackt und blind ist, nimmt es die Mutter unter ihre Flughaut, um es zu wärmen und zu schützen. Wenn sie auf Futtersuche geht, läßt sie das Junge kopfüber hängend am Schlafplatz zurück.

Man unterscheidet bei Fledermäusen zwei wesentliche Lebensbereiche. Ein Teil lebt in menschlichen Siedlungen, der andere Teil ist ausgesprochen zivilisationsscheu, wie etwa die Wasserfledermaus und die

Teichfledermaus. Sie halten sich vor allem dort auf, wo sie nicht von menschlichen Einflüssen gestört werden. Meist jagen sie kurz nach Einbruch der Dunkelheit tief über der Wasseroberfläche von stehenden und fließenden Gewässern nach Insekten.

Eine andere Familie innerhalb der Ordnung der Fledermäuse sind die sogenannten Hufeisennasen. Man unterscheidet Zwerg- oder kleine Hufeisennase und große Hufeisennase. Beide haben auffallend große Nasenplatten in Hufeisenform, und beide leben in unmittelbarer menschlicher Nähe, in Städten und Dörfern, auf Dachböden, alten Häusern, Ruinen und Höhlen.

Die Zwergfledermaus ist die kleinste Fledermaus in Europa. Sie hat nur ein Gewicht von drei bis vier Gramm und lebt in Dörfern, in Parks und Obstgärten. Sie bewohnt sowohl Baumhöhlen als auch Dachböden, sie versteckt sich gerne hinter Wand- und Dachverkleidungen oder hinter Fensterläden.

Das Mausohr ist unsere größte Fledermaus. Sie erreicht eine Spannweite bis zu 38 Zentimeter und ist eng an die menschliche Zivilisation gebunden.

Fledermäuse, die in hohlen Bäumen tagschlafen, nutzen oft verlassene Bruthöhlen von Spechten oder Fäulnishöhlen. Manchmal geben sich diese Arten im Sommer auch mit Vogelkästen oder speziellen Fledermauskästen zufrieden. Damit kann man ihnen mit relativ geringem Aufwand Tagschlafquartiere anbieten. Die Weibchen werden bereits im Herbst begattet. Die eigentliche Befruchtung setzt jedoch erst nach dem Winterschlaf des Weibchens im Frühjahr ein.

Im Spätherbst wandern die Fledermäuse in ihre Winterquartiere. Diese können bis zu 1000 Kilometer von den Sommerquartieren entfernt liegen. Einige Arten bleiben aber auch in der Nähe ihrer Sommerquartiere. Der Winterschlaf wird an einem Ort gehalten, der vor Frost geschützt ist. Während des Winterschlafs sind bei den Fledermäusen – ähnlich wie beim Igel – alle Körperfunktionen stark eingeschränkt. Fledermäuse sind allerdings sehr empfindlich gegen akustische Störungen und erwachen leicht. Jedes sinnlose Aufwachen kostet sie gewaltige Energiereserven, bis der Körper wieder die normale Temperatur hat und voll funktionsfähig ist. Mehrmaliges Stören kann für die Fledermaus den Tod bedeuten, da sie durch wiederholtes Erwachen ihre Energiereserven zu schnell aufbraucht und verhungert oder im Frühjahr nicht mehr genügend Kraft hat, aufzuwachen.

Das Aufwachen aus dem Winterschlaf kann aber auch ein Schutz davor sein, daß die Temperatur zu stark absinkt und ein neues, wärmeres Quartier gesucht werden muß. Man sollte auf jeden Fall vermeiden,

Fledermäuse in ihren Winterquartieren zu stören. Ein wirksamer Schutz sind Fledermausgitter, die vor manchen Höhlen bereits im Herbst angebracht werden. Die Gitter müssen so grobmaschig sein, daß die Fledermäuse die Höhle jederzeit verlassen können. Engmaschige Gitter dagegen wirken oft wie ein «Gefängnis», sperren die Fledermäuse regelrecht den Winter über ein, so daß sie ihr Quartier nicht wechseln können, falls im Lauf des Winters die Temperatur zu stark abfällt. Dann hängen die Fledermäuse im Frühjahr erfroren in solchen Höhlen. Ideal sind waagerechte, im Abstand von etwa 15 Zentimetern angebrachte Gitterstäbe. Sie erleichtern das Ein- und Ausfliegen und verhindern, daß Menschen die Höhlen betreten.

Doch nicht nur Störungen der Winterquartiere und der Wochenstuben sind Gründe für den Rückgang der Fledermäuse. Wie überall wirken hier mehrere Faktoren zusammen: Zum einen geht das Nahrungsangebot ständig zurück, denn auf Feldern, in Gärten und Wäldern werden zu viele Insektizide verwendet. Zusätzlich verschwinden immer mehr natürliche Lebensräume wie Gehölze, Trockenrasen und vor allem Feuchtgebiete.

Das über die Insekten aufgenommene Gift reichert sich allmählich im Körper der Tiere an und führt entweder mit der Zeit direkt zum Tod, oder es vermindert die Lebenserwartung oder Fortpflanzungsfähigkeit.

Meist kommen die Fledermäuse in dieselben Sommer- und Winterquartiere zurück. Doch leider bleiben auch diese nicht verschont. Alte, kranke und hohle Bäume werden gefällt, entweder im Zuge der Rodung und Neuaufforstung, oder sie verschwinden, wenn alte Streuobstbestände neuen Obstplantagen weichen müssen. Außerdem wird seit dem wirtschaftlichen Aufschwung der sechziger Jahre renoviert, saniert, abgerissen, zugemauert und damit den Fledermäusen systematisch ihr Unterschlupf genommen. Wandverkleidungen, die keine Nischen und Spalten mehr lassen, Rolläden statt Fensterläden, verschlossene und verkleidete Dachgiebel und Zwischenböden, vergitterte Lüftungsziegel lassen für Fledermäuse keinen Platz mehr.

Fledermäuse werden vor allem in ihren Wochenstuben durch Renovierungsarbeiten gestört und vertrieben. Oder es werden Holzschutzmittel verwendet, die chlorierte Kohlenwasserstoffe enthalten. Das hat für Fledermäuse meist tödliche Folgen. Weisen sie normal nur eine sehr geringe Belastung mit Lindan, einem chlorierten Kohlenwasserstoff, auf, so fand man bei toten Fledermäusen, die man nach der Lindanbehandlung eines Dachstocks entdeckte, eine 100 bis 1000 mal höhere Lindankonzentration. Ist altes Dachgebälk und Holz von Pilzen und Holzschädlingen befallen, kann man mit Heißluft dagegen vorgehen. Dieses Ver-

Dachstühle, Wandverkleidungen, Mauerspalten oder Fensterläden sind beliebte Hangplätze für einige Fledermausarten. Diese Mausohrkolonie befindet sich im Dachstuhl einer Kirche. Hier werden im Sommer auch die Jungen geboren. Dazu versammeln sich die Weibchen zu sogenannten Wochenstubengesellschaften.

fahren ist besonders fledermaus- und umweltfreundlich und wird seit einigen Jahren praktiziert. Kann dieses Verfahren aus irgendwelchen Gründen nicht angewendet werden, so stehen fledermausverträgliche Borsalze zur Verfügung oder pyrethroidhaltige Imprägnierungsmittel. Das sind Insektengifte, die nach dem Muster der Chrysanthemengifte hergestellt wurden. Aber alle diese Maßnahmen dürfen erst nach Abzug der Fledermäuse von Oktober bis Februar durchgeführt werden.

Sommer- und Winterquartiere sind gleichermaßen gefährdet. So wurden beim Zumauern von Kellern oder Gewölben schon ganze überwinternde Populationen lebendig eingemauert. Andere Populationen zerstreuen sich auf der Suche nach neuen Überwinterungsmöglichkeiten. Ohne den wärmenden Schutz der großen Gruppe sind viele dem Erfrierungstod ausgeliefert. Die Zerstörung der Winterquartiere geschieht meist aus Unwissenheit. So werden Höhlen und Stolleneingänge zugemauert oder mit Stahltüren verschlossen, und alte Bunker gesprengt.

Aber nicht nur Baumaßnahmen nehmen den Fledermäusen die Winterquartiere. Arten, die in dicken, hohlen Bäumen überwintern, haben unter der übertriebenen Garten- und Landschaftskosmetik zu leiden. Hohle Bäume werden als unnütz und häßlich angesehen und deshalb gefällt. Doch gerade in ihnen überwintern oft bis zu 150 Fledermäuse. Je mehr alte Bäume weichen müssen, desto mehr fehlt es an Winterquartieren. Jüngere Bäume oder gar Vogel- oder Fledermauskästen haben weder Platz für die ganze überwinternde Gruppe, noch haben sie eine gute Wärmeisolation. Die Folge ist, daß die Fledermäuse im kalten Winter, alarmiert von ihrem Kältewarnsystem, aufwachen und ein neues, wärmeres Quartier suchen, das sie meist nicht finden. Folglich irren sie umher, bis sie erfrieren.

Deshalb muß für wirksamen Fledermausschutz unbedingt jedes vorhandene Quartier erhalten werden. Daneben müssen zusätzlich Tagschlafplätze, etwa Fledermauskästen, geschaffen werden. Störungen in den Fledermausquartieren verbieten sich von selbst, man muß mit Reparatur- und Renovierungsarbeiten warten, bis die Fledermäuse in ihr Winterquartier umgezogen sind. Und es lohnt sich auch dann noch, bei der Renovierung einen Fledermausexperten zu Rate zu ziehen.

Außerdem muß für die Nahrung der Fledermäuse etwas getan werden. Durch Neuanlegung und die Erhaltung von Feuchtgebieten, von Gehölzen, Hecken und Trockenrasenzonen sowie Streuobstwiesen und durch gewaltige Einschränkung bei der Verwendung von Insektiziden erhält man den Fledermäusen ihre Nahrungsgrundlage. Und diese Maßnahmen würden der ganzen Umwelt zugute kommen. Immerhin gibt es erste Ansätze zum Schutz der Fledermäuse. In einzelnen Fällen verschob man die Renovierung von Kirchendächern, bis die Fledermäuse von den Wochenstuben in die Winterquartiere umgezogen waren, und vielerorts werden an Höhlen- und Stolleneingängen Gitterstäbe angebracht. Wenn aber nicht schnell entscheidende Umdenkprozesse anlaufen und die Anwendung von chemischen Giften nicht drastisch reduziert wird, wenn nicht Kommunen und Bevölkerung davon abgehalten werden, zur «Verschönerung» alles zuzupflastern, und wenn nicht zusätzliche, naturnahe Biotope geschaffen werden, dann werden Fledermäuse wahrscheinlich bald ganz verschwunden sein.

Vögel

Auf unserer Wiese geht nichts mehr

Der Weißstorch

«Auf unserer Wiese gehet was, watet durch die Sümpfe.» So beginnt ein altes Kinderlied, das vor fünfzig Jahren noch aus Dorfschulen und Kindergärten schallte. Heute geht auf unseren Wiesen absolut nichts mehr! Die meisten Kinder unserer Zeit kennen den Klapperstorch nur noch aus Sagen und Märchen.

Seit der Weißstorch vor vielen Jahrhunderten vom Baumbrüter zum Kulturfolger wurde und sein Nest auf menschliche Behausungen baute, hat man ihn mit vielen Mythen bedacht. Doch bald wird er im nordwestlichen Teil seines Verbreitungsgebietes nur noch in Geschichten weiterleben, denn dort nehmen die Bestände seit Jahren alarmierend ab.

Nur ein kleiner Kreis von Menschen hegt noch die Hoffnung, daß der Wappenvogel des Deutschen Bundes für Vogelschutz, der Weißstorch, als freilebender Brutvogel hierzulande die Jahrtausendwende überleben wird.

In der Auswahl seines Futters ist der Storch nicht anspruchsvoll. Er frißt alles, was ihm die Jahreszeit bietet und was er bewältigen kann. Dabei spielen Frösche nur eine untergeordnete Rolle. Wenn der Storch im Frühjahr in die Brutheimat zurückkehrt, bilden Regenwürmer tagelang seine Hauptnahrung. Auch zur Aufzucht der frisch geschlüpften Jungen sind sie die wichtigste Kost. Im Sommer sind vielerlei Insekten sehr begehrt. Bei Untersuchungen in Ostpreußen hat man im Magen eines Storches 730 Blattwespenlarven gefunden, bei einem anderen fand man 1315 Feldheuschrecken und bei einem weiteren die Reste von 109 Maikäfern. In Afrika nehmen die Störche oft riesige Mengen von Wander- oder Wüstenheuschrecken auf. In der Speiseröhre und im Magen eines Storches zählte man über 300 Wüstenheuschrecken.

In guten Mäusejahren vertilgt der Storch Feldmäuse in großen Mengen. Darüber hinaus fängt er Maulwürfe, gelegentlich Eidechsen oder Schlangen und manchmal die Jungvögel von Bodenbrütern. Auch Fische, von denen er meistens nur kranke oder tot ans Ufer geschwemmte erwischt, bilden eine beliebte Nahrungsquelle. Der Storch hat eine Vorliebe für seichte Gewässer. Im Wasser stochert er nach kleineren Wassertieren, die er mit der Schnabelspitze ertastet. Dabei fischt er sozusagen im trüben, denn er taucht nicht mit den Augen unter die Wasseroberfläche.

Störche haben normalerweise drei bis fünf Junge, die nach einer Brutdauer von 32 Tagen schlüpfen. Da die Eier im Abstand von 48 Stunden abgelegt werden, vergehen meist mehrere Tage, bis alle Jungen geschlüpft sind.

Die Erstankömmlinge werden bereits gefüttert, während die Geschwister noch in den Eiern hocken. Störche werden nicht geatzt. Die Jungen betteln den mit Beute im Schlund zurückkehrenden Altvogel mit krächzenden, miauenden Lauten an und bewegen ihn so zum Herauswürgen des Futters. Er speit es auf den Nestboden, wo es von den Jungen gierig aufgenommen und verschlungen wird. Da der Elternvogel die Nahrung nicht zerkleinert, und die Jungen in den ersten Lebenstagen noch keine großen Bissen aufnehmen können, werden sie zunächst mit kleineren Nahrungstieren, überwiegend mit Regenwürmern, gefüttert. Zwischen dem erst- und dem letztgeschlüpften Jungen gibt es zwangsläufig starke Größenunterschiede, besonders bei einer höheren Jungenzahl. Das Nesthäkchen wird von den kräftigeren Geschwistern vom Futter abgedrängt und hat wenig Überlebenschancen.

In den Anfangswochen bringen die Alten in etwa zweistündigem Wechsel Futter zum Nest, und wenn es sehr heiß ist, bringt der Altstorch auch Wasser mit, das er den Jungen einzeln in die hochgereckten Schnäbel träufelt. Während der eine Elternvogel auf Futtersuche ist, hält der andere Nestwache, um die Jungen vor eventuellen Angreifern, zum Beispiel störenden Artgenossen oder größeren Greifvögeln, zu schützen. Bis zum Alter von etwa drei bis vier Wochen werden die Jungen, wenn es nötig ist, gehudert, um sie gegen Regen, Kälte oder Hitze abzuschirmen. Danach ist das Hudern nicht mehr möglich, weil sie zu groß werden. Jetzt gehen beide Elternvögel auf Futtersuche, und die Abstände zwischen den Fütterungen werden mit zunehmendem Alter der Jungen unregelmäßiger und länger.

Da die Überlebenschance des Storchs ebenso wie die Erhaltung anderer, vom Aussterben bedrohter Tierarten, die in diesem Buch geschildert werden, eng verknüpft ist mit der Erhaltung der Wiederherstellung oder irreversiblen Zerstörung des Biotops, des Lebensraums also – wie auch die Bezeichnung «Lebens»raum besagt –, soll wie im folgenden beim Storch jeweils auch bei allen übrigen, vom Aussterben bedrohten Arten ausdrücklich darauf hingewiesen werden.

Im Zuge der Flurbereinigung wurden unzählige Feuchtwiesen und Sümpfe vernichtet, und noch intakte Feuchtgebiete sind in unserer monotonen Landschaft heute ebenso selten geworden wie der Storch. Zahlreiche Riedflächen legte man durch tiefe Entwässerungsgräben trocken oder zerstörte sie durch Erdaufschüttungen. Um auch die letzten feuchten Senken gründlich zu entwässern, grub man immer tiefere Gräben, und damit das Wasser rascher abfließt, kleidete man das Ganze in sterilen Beton. Durch solche Maßnahmen wurde der Grundwasserspiegel drastisch gesenkt, und vielen Kleintieren, die die Nahrung des Storches bilden, hat man buchstäblich das Wasser abgegraben.

Natürlich sind trockengelegte Gebiete besser maschinell zu bearbeiten und wirtschaftlicher zu nutzen. Trockenlegungen sind aber schwerwiegende Eingriffe in das ausgewogene System zwischen Wasser, Erde, Luft, Pflanze und Tier. Zahlreiche Pflanzen und Tiere sind durch solche Biotopzerstörungen bereits ausgestorben oder stehen unmittelbar davor. Auch der Brachvogel als Feuchtwiesenbewohner – um nur ein Beispiel zu nennen – ist davon betroffen. Er steht ebenso wie der Weißstorch auf der «Roten Liste» der vom Aussterben bedrohten Arten.

Naturbelassene Bäche und Flüsse, die sich noch unbegradigt in vielen Windungen durch die Landschaft schlängeln dürfen, sind längst zur Rarität geworden. Tümpel und Teiche, die in ihren feuchten Uferregionen dem Storch vielerlei Nahrung bieten, findet man nur noch recht selten. In den letzten Jahrzehnten sind mehr als die Hälfte unserer Kleingewässer völlig verschwunden, und von den verbliebenen ist nur noch ein ganz geringer Prozentsatz biologisch intakt. Viele unserer Flüsse und Bäche hat man zu schnurgeraden, meist in Beton eingezwängten Abwasserleitungen degradiert, in denen unser Wohlstandsschaum und hochwirksame Gifte zu Tal fließen und die letzten Fische dahinvegetieren. Hier rächt sich die Gedankenlosigkeit, mit der wir die Gewässer zu Sammelbecken allen Unrats machen, den unsere Zivilisation ausspeit.

Eingedeichte und begradigte Wasserläufe haben die Überschwemmungsgebiete stark reduziert und zur Vernichtung vieler Altwasser und feuchter Senken geführt. Begradigte Bäche und Flüsse führen die Wassermassen rasch dem Meer zu. Dadurch kommt es zu hohen Fließgeschwindigkeiten und zu einem verstärkten Auswaschen der Flußbette, was wiederum zur Folge hat, daß der Grundwasserspiegel in den angrenzenden Gebieten weiter absinkt. Die Paradoxie ist perfekt: Ehemalige Feuchtgebiete, die man in der Absicht entwässert hat, sie landwirtschaftlich nutzen zu können, müssen häufig wieder bewässert werden.

Alle Eingriffe in den natürlichen Wasserhaushalt, insbesondere die drastischen Grundwasserspiegelabsenkungen, werden uns in naher Zukunft zum Verhängnis. Durch unzählige, sinnlose wasserbauliche Maßnahmen ist eine weitere Katastrophe – nach dem Waldsterben – bereits programmiert. Obwohl Wissenschaftler und Naturschützer in aller Welt seit vielen Jahren vor solchen Eingriffen warnen, werden weiterhin Feuchtgebiete trockengelegt, der Grundwasserspiegel abgesenkt und Flüsse begradigt. Da intakte Feuchtgebiete als Wasserspeicher und Wasserreiniger längst ausgefallen sind, muß fast überall unser Trinkwasser mit enormem Kostenaufwand aufbereitet werden. Wasser, eines unserer lebenswichtigen Elemente, wird schon in Bälde eines unserer kostbarsten Güter sein.

Einer Untersuchung der Bundesforschungsanstalt für Naturschutz und Landschaftsökologie in Bad Godesberg zufolge entfallen auf die land- und forstwirtschaftlich genutzten Flächen der Bundesrepublik Deutschland rund 36 000 Tonnen chemischer Biozide im Jahr. Durch den Einsatz von Schädlingsbekämpfungsmitteln wurden die Nahrungstiere des Storches gewaltig vermindert, und die er noch findet, sind meist nicht mehr frei von chemischen Stoffen. Über den Weg der Nahrungskette, also durch die aufgenommenen Beutetiere, gelangen die Giftstoffe in den Körper des Endverbrauchers, in diesem Fall in den des Storchs, wo sie hauptsächlich im Körperfett gespeichert werden.

Die chemische Abteilung des tierhygienischen Instituts in Freiburg (B. Conrad) untersuchte 16 Weißstorcheier aus der Bundesrepublik Deutschland auf Umweltgifte. Kein Ei (auch nicht die von 18 anderen untersuchten Vogelarten) war frei von Pestizid- und PCB-Rückständen. Alle Eier enthielten von mindestens einem untersuchten Schädlingsbekämpfungsmittel höhere Mengen als nach der Höchstmengenverordnung für Eier und Eiprodukte zulässig ist, das heißt, sie wären nach dem Lebensmittelgesetz für den menschlichen Verzehr verboten und hätten vernichtet werden müssen. In den Storcheneiern wurden in verschiedenen Konzentrationen HCB, Heptachlor, Aldrin, Heptachlorepoxid, DDE, PCB und Dieldrin nachgewiesen. Zusätzlich wurde durch eine Vergleichsuntersuchung von acht Storchen-Eischalen von 1974/75 mit 49 Museumspräparaten von 1877 bis 1922 eine Abnahme der Schalendicke von 5,3 Prozent errechnet.

Hohe Schadstoffkonzentrationen im Körper von Großvögeln wie dem Weißstorch ziehen Konsequenzen für die Fortpflanzungsfähigkeit nach

Wo der Weißstorch noch vorkommt, ist die Umwelt einigermaßen intakt. In der Schweiz ist der Storch bereits 1950, in Schweden 1958 ausgestorben, in Holland, Dänemark und Frankreich steht er kurz vor dem Aussterben. Auch in der Bundesrepublik und in Österreich ist sein Bestand stark rückläufig.

sich. Bei Stoffwechselbelastungen kann es zu Nachwirkungen kommen, die Kalkmangel auslösen und dadurch die Dicke der Eischalen beeinflussen. Vermutlich werden Giftstoffe auch die Fruchtbarkeit der Störche mindern und die Lebensfähigkeit der Embryonen beeinträchtigen, was allerdings schwer beweisbar ist. In der Tat spricht aber vieles dafür, daß sich chemische Gifte auf die Nachwuchszahlen der Störche sehr negativ auswirken. Vergleicht man die Zahlen der abgelegten Eier mit denen der ausgeflogenen Jungen, erhärtet sich dieser Verdacht an vielen Orten. So kamen zum Beispiel in Bergenhusen im Jahr 1983 auf 22 flügge Jungstörche 15 abgeworfene Eier (= 40% der ursprünglich abgelegten 37 Eier), die zum Teil unbefruchtet oder deren Embryonen im Ei abgestorben waren. Es mögen dabei auch schlechte Witterungsverhältnisse eine Rolle gespielt haben, aber es wäre wichtig, daß man in Zukunft auch abgeworfene Eier bzw. abgestorbene Embryonen auf Umweltgifte untersucht.

In trockenen Sommern bzw. in guten Mäusejahren ernähren sich Störche überwiegend von Feldmäusen. Ihre Bekämpfung mit Gift, besonders wenn es überdosiert wird, hat schon mehrfach Storchenleben gefordert. Außerdem droht Alt- und Jungstörchen Nahrungsmangel, wenn ganze Feldmauspopulationen infolge von Bekämpfungsaktionen zusammenbrechen.

Neben der Biozidanwendung wirkt sich auch die übermäßige Düngung sehr negativ auf die Nahrungstiere des Storches aus. Auf die land- und forstwirtschaftlich genutzten Flächen der Bundesrepublik Deutschland werden pro Jahr 4000000 Tonnen Kunstdünger und übermäßige Mengen Jauche ausgebracht.

Der Storch gilt als Indikator für Umweltgüte, das heißt, wo er vorkommt, ist die Umwelt wenigstens teilweise noch intakt. Früher war der Storch hinter dem Pflug oder der Egge ein vertrautes Bild. Sein Fernbleiben signalisiert die biologische Verarmung unserer Landschaft.

Auf der langen Reise in die afrikanischen Überwinterungsgebiete und wieder zurück in die Brutheimat sind die Störche zahlreichen Gefahren ausgesetzt, sowohl in den Durchzugsländern als auch an ihren Aufenthaltsorten. Besonders gravierend sind die Verluste durch Abschuß. Früher waren es Pfeil und Bogen, mit denen Jagd auf einzelne Störche gemacht wurde und wovon gelegentlich ein Pfeil im Körper eines heimkehrenden Storches zeugte. Heute werden Abschuß und Fang von Störchen immer wieder aus Westafrika, Oberägypten, Sudan, Syrien und dem Libanon gemeldet, aber auch aus Spanien und Frankreich sind Abschüsse bekannt geworden.

Wie verschiedenen Pressemeldungen zu entnehmen war, haben im August 1982 syrische Soldaten mit Schnellfeuergewehren Hunderte von Störchen auf dem Zug nach Süden abgeschossen; einige davon sollen gerupft und gekocht worden sein. Im Mai 1981 berichteten Zeitungen, daß Weißstörche in diesem Jahr über Beirut einen fürchterlichen Blutzoll entrichten mußten, als sie auf dem Frühjahrszug nach Europa unterwegs waren. Zwei Tage lang schoß die Bevölkerung von Straßen und Plätzen, Balkonen und Dächern mit Maschinenpistolen, Gewehren, Pistolen und sogar mit Granatwerfern in die Schwärme.

Neben Fang und Abschuß drohen den Störchen in den afrikanischen Durchzugs- und Überwinterungsgebieten weitere Gefahren durch den Einsatz von chemischen Heuschreckenbekämpfungsmitteln. Die verschiedenen Heuschreckenarten werden von Störchen bevorzugt und bilden in vielen afrikanischen Ländern häufig die Hauptnahrung. Durch flächendeckende Heuschreckenbegiftungen entzieht man aber den Störchen die Nahrungsgrundlage. Ob sie durch die Aufnahme vergifteter Insekten erkranken oder gar sterben, ist bisher noch nicht bewiesen.

Weißstorchpaar mit ca. drei Wochen alten Jungen. Der eine Elternvogel ist gerade angekommen und würgt die mitgebrachte Nahrung auf den Nestgrund; der andere verläßt das Nest.

Will man älteren Untersuchungen Glauben schenken («Die Vogelwarte» 20.2. 1959, Vesey-Fitzgerald, Desmond Foster; «Locust control operations and their possible effect on the population of the White Stork», kommentiert von E. Schüz), so gewinnt man den Eindruck, daß die zur Heuschreckenbegiftung zum Einsatz kommenden Insektizide wie Gamma-Benzol-Hexachlorid, Dinitro-Ortho-Cresol, Diazinon oder gar Dieldrin den Störchen überhaupt nicht gefährlich werden können. Bekämpfungsmaßnahmen gegen die Rote Heuschrecke in Zentralafrika sollen diesem Bericht zufolge nur in beschränktem Maß in gut überwachten Ausbruchsgebieten durchgeführt worden sein. Solange die Heuschreckenschwärme noch im Ausbruchsgebiet weilen, sollen sich die wichtigsten Heuschreckenverfolger, zu denen ja der Weißstorch gehört, noch nicht in größeren Stückzahlen dort aufhalten.

Über die Begiftungsaktionen der Braunen Heuschrecke, die auf Südafrika beschränkt ist, schrieb A. Lea, South African Locust Research and Control Section, an den Verfasser Vesey-Fitzgerald: «Wir waren gewohnt, Briefe über angeblich von Heuschreckenarsenid vergiftete Störche zu bekommen; aber niemals gab es einen wirklichen Beweis dafür. Und seitdem wir B.H.C. gebrauchen, haben wir keine einzige Zuschrift mehr über tote Störche bekommen. Alles spricht dafür, daß Störche nicht durch Aufnehmen B.H.C.-vergifteter Heuschrecken getötet werden können. Ich habe selbst Störche gesehen, die sich mit solchen Heuschrecken vollschlangen, ohne eine sichtbare schlechte Wirkung.»

Tatsächlich gibt es aber auch Hinweise, daß Störche in begifteten Gebieten in größerer Zahl verendet sind. Ein Storch wird zwar in der Regel nicht sofort nach der Aufnahme bestimmter Mengen vergifteter Heuschrecken tot umfallen. Die Giftstoffe reichern sich aber in seinem Körper an und können zu schweren Erkrankungen oder gar zum Tod führen.

Die Behauptungen, daß Heuschrecken, die mit chloriertem Kohlenwasserstoff (BHC = HCH) vergiftet wurden, von Störchen ohne schädliche Auswirkungen in Mengen aufgenommen werden können, halten wir für absurd. In diesem Zusammenhang möchten wir an die Schermausbegiftungsaktion im Frühjahr 1982 im Bodenseegebiet erinnern, der etwa 650 Vögel zum Opfer fielen. Neben etwa 130 Greifvögeln starben auch drei Graureiher und viele Singvögel. Untersuchungen, die vom Tierhygienischen Institut in Freiburg an Singvögeln und Mäusebussarden durchgeführt wurden, ergaben, daß das Schädlingsbekämpfungsmittel «Endrin» das Vogelsterben verursacht hatte.

Endrin gehört, wie das seit einigen Jahren verbotene DDT, zu den chlorierten Kohlenwasserstoffen und wirkt direkt auf das Nervensystem. Größere Vögel, wie zum Beispiel der Habicht oder Mäusebussard, starben meist unter qualvollen Krämpfen nach einigen Tagen. Endrin war seit vielen Jahren im Handel und vom Biologischen Bundesamt für Land- und Forstwirtschaft in Braunschweig amtlich geprüft und zugelassen. Es konnte von jedermann gekauft und zur Schermausbekämpfung als Spritzmittel angewandt werden. Auf Drängen des BUND wurden der Verkauf und die Anwendung (leider nicht die Herstellung) dieses hochgefährlichen Giftes in der Bundesrepublik Deutschland verboten.

Welche Langzeitwirkung die chlorierten Kohlenwasserstoffe haben, sollen zwei Beispiele zeigen. Als Folge der Endrin-Schermausbekämpfung und der unsachgemäßen Anwendung des Gifts konnte man später in Erdbeeren und Kuhmilch Endrin nachweisen. In «Das Tier», 5, 1982, berichtet Prof. Dr. Günther Herbst, Feldbach/Steiermark, über die fragwürdige Wirkung chemischer Bekämpfungsmittel. Professor Herbst züchtet «Wandelnde Blätter», die er mit Eichenlaub füttert. Zu diesem Zweck zieht er in Blumenkisten kleine Eichenbäumchen, je eines für ein Wandelndes Blatt. Eines Tages hatten kleine Spinnen, die hauptsächlich den Larven seiner Zuchttiere gefährlich wurden, derart überhand genommen, daß er sie mit einem Insektizid bekämpfen mußte. Das Gift sollte laut Hersteller nach zwei bis vier Stunden abgebaut und unschädlich sein. Nachdem er seine Wandelnden Blätter in Sicherheit gebracht hatte, besprühte er die Eichenpflänzchen. Mit Erfolg, denn am folgenden Tag waren alle Spinnen tot. Um mögliche Rückstände des Insektizids zu entfernen, wusch er die Bäumchen zehn Tage lang täglich zwei- bis dreimal mit einem kräftigen Wasserstrahl ab. Als er nach 14 Tagen die ersten Tiere wieder auf ihre Futterpflanzen setzte, lagen sie am nächsten Morgen alle am Boden. Sie waren zwar noch nicht tot, starben aber innerhalb einer Woche. Nachdem Professor Herbst die Aufschrift auf der Spraydose nochmals genau durchgelesen hatte, stellte er fest, daß neben Pyrethrum auch die Insektizide Lindan und Dieldrin enthalten waren. Daraufhin schnitt er die Eichenbäumchen stark zurück und hielt sie feuchtwarm, so daß sie nach drei Wochen wieder frisch belaubt waren. Voller Hoffnung setzte er wieder einige Tiere auf die Pflanzen, doch auch diese Tiere starben!

Es gibt noch weitere Todesursachen bei den Störchen, für die der Mensch direkt oder indirekt verantwortlich ist. So wird häufig von Zusammenstößen fliegender Störche mit Fahrzeugen oder Flugzeugen berichtet. Es sind Fälle bekannt, bei denen Störche in die Windschutzscheiben von Autos oder gar von Lokomotiven geflogen sind. Zusammenstöße mit Flugzeugen wirken sich oft für beide Teile verhängnisvoll aus.

Störche sind gelegentlich auch in Fallen geraten, die für den Fuchs oder den Reiher aufgestellt waren. In Franken soll sich ein Storch drei Wochen lang mit einem Tellereisen herumgeschleppt haben, ehe man ihn ergreifen und die Falle durch Amputation des Beines entfernen konnte.

Achtlos weggeworfene Dinge, wie Perlon-Angelschnüre, Mähdrescher-Bindegarn und ähnliches, werden häufig von den Störchen als Nistmaterial ins Nest eingetragen. Die Jungen können sich in den Schnüren verwickeln. So fanden Beringer schon öfter Jungstörche, deren Beine abgeschnürt oder bei denen die Schnüre eingewachsen waren. In manchen Fällen hatten sich die Jungen stranguliert. Auch am Draht lauert für die Störche der Tod.

In Europa verunglücken oder sterben die meisten Störche durch die Verdrahtung der Landschaft. Drähte in allen Formen, als Weidezaun, Stacheldraht, Kabel oder Stromleitung sind durch die freie Landschaft gespannt und werden unseren Großvögeln zum Verhängnis. Allein über der Bundesrepublik Deutschland verlaufen derzeit etwa 500 000 km Hochspannungsleitungen.

Der tägliche Nahrungsbedarf einer Storchenfamilie mit drei bis vier Jungen beträgt ungefähr drei Kilogramm. Solche Futtermengen sind in unserer Kulturlandschaft nicht mehr zu finden. Beim Streit um das knappe Futter sind die kräftigeren Jungen immer im Vorteil. Schwächliche Jungtiere verhungern häufig.

Nach Fiedler & Wissner sind Jungstörche im ersten Lebensjahr am stärksten durch Freileitungen gefährdet (84% der Verluste). Ungefähr jeder zehnte Jungstorch in Deutschland wird schon vor dem Wegzug durch Kontakt mit elektrischen Leitungen getötet. Den Vogelwarten werden überwiegend beringte Storchopfer gemeldet. Da aber etwa jeder dritte Jungstorch bei uns unberingt bleibt, muß man annehmen, daß die tatsächlichen Opfer durch Verdrahtung noch wesentlich höher liegen. Einige Energieversorgungsunternehmen, darunter die SCHLESWAG, sichern inzwischen in vorbildlicher Weise Gefahren- bzw. Unglücksmasten durch geeignete Umbau- oder Schutzmaßnahmen. In Bergenhusen und einigen anderen Orten Schleswig-Holsteins hat man alle elektrischen Leitungen in die Erde verlegt. Seither sind zumindest innerhalb dieser Dörfer keine Leitungsopfer mehr zu beklagen, und das Ortsbild ist schöner geworden. Einzelne Masten ließ man stehen, um sie den Störchen als Horstplätze anzubieten. Sie wurden im Lauf der Zeit fast alle besetzt.

Georg Fiedler, ehrenamtlicher Mitarbeiter der Vogelwarte Helgoland, hat von 1971 bis 1978 im Bereich dieser Vogelwarte insgesamt 901 Störche beringt. Davon sind 815 aus der Bundesrepublik Deutschland weggezogen, die restlichen 86 sind entweder vor dem Wegzug umgekommen oder als Invaliden in eine Storchenpflegestation aufgenommen worden oder als Überwinterer zurückgeblieben. In Durchzugs- oder Überwinterungsgebieten hat man 34 tote Störche gefunden. Lediglich 84 von 815 weggezogenen Störchen konnten als Rückkehrer in der Bundesrepublik Deutschland nachgewiesen werden (Stand vom 1.11. 1982), also etwa 10%. Ob die restlichen umgekommen oder zum Teil in andere Gebiete abgewandert sind, läßt sich nicht klären. Dabei ist interessant, daß die Bestände der östlichen Populationen zum Teil konstant blieben, obwohl sie in Afrika denselben Gefahren ausgesetzt sind.

Die außergewöhnlich hohen Verlustraten, zum Beispiel im afrikanischen Winterquartier oder durch Stromtod usw., können von der Wildpopulation unmöglich ausgeglichen werden. Prozentual zu unseren geringen Beständen sind die jährlichen Gesamtverluste einfach viel zu hoch, so daß es nur noch eine Frage der Zeit ist, wann der Storch bei uns und in einigen weiteren europäischen Ländern ausgestorben sein wird.

Die einzig mögliche Rettung kann also nur vom Menschen kommen, denn schließlich ist er dafür verantwortlich, daß es heute so aussichtslos um den Storch und so viele andere Tiere bestellt ist. Im folgenden einige Zahlen, die seinen Rückgang drastisch markieren.

Im Jahr 1934 zählte man im Gebiet der heutigen Bundesrepublik 4391 Brutpaare, 1974 waren es nur noch 1092. Heute ist der Bestand auf 627 Paare geschrumpft, was einem Rückgang von nahezu 86% entspricht. Auch in Spanien sind die Weißstorchbestände seit 1948 auf die Hälfte zurückgegangen. In der Schweiz ist der Storch bereits 1950, in Schweden 1958 ausgestorben. Auch in Frankreich, Dänemark und den Niederlanden sind die Störche verschwunden. Was konnten die Wiederansiedlungsversuche bewirken?

In der Schweiz brüteten im Jahr 1900 etwa 140 Storchenpaare, 1940 waren nur noch acht Nester besetzt, und schon im Jahr 1950 war der Storch in der Schweiz ausgestorben. Im Jahr 1948 jedoch startete der Lehrer Max Bloesch in Altreu bei Solothurn einen Wiederansiedlungsversuch für Störche. Ihm ist es zu verdanken, daß in Altreu und in den 21 schweizerischen Außenstationen derzeit wieder rund 500 Störche leben. Werden sie auch von manchen Ornithologen als freifliegende Zoostörche bezeichnet, weil sie auf menschliche Hilfe angewiesen sind, so hat doch schon so mancher in die Bundesrepublik oder nach Frankreich abgewanderte Schweizer Storch dazu beigetragen, die sehr schwachen Wildbestände in diesen Ländern zu stützen. Nach dem Schweizer Vorbild entstanden auch in Frankreich, Holland und in der Bundesrepublik Wiederansiedlungsstationen für Weißstörche. Aus diesen Stationen ziehen – außer einigen Jungen von freibrütenden Paaren – im Herbst keine Störche weg. Sie müssen zusammen mit den Gehegestörchen durch den Winter gefüttert werden, was natürlich in finanzieller Hinsicht eine starke Belastung ist. Jungstörche, die aus Ansiedlungsstationen im Herbst von selbst wegziehen oder auch solche, die man weit ab von der Station aussetzt, damit sie fortfliegen, sind in jedem Fall auf dem Zug mehr gefährdet als Wildstörche. Sie haben keine so große Scheu vor Menschen und können deshalb leichter gefangen oder geschossen werden.

Man sollte überlegen, ob es nicht sinnvoller wäre, erst durch entsprechende Feuchtbiotope die Voraussetzung zu schaffen, daß sich wiederangesiedelte Störche selbst ernähren können. Das käme auch einer Reihe anderer vom Aussterben bedrohter Tiere zugute. Angesichts der Tatsache, daß allein die Altreuer Wiederansiedlungsstation jährlich einen Kostenaufwand von etwa DM 180000.– erfordert, könnten – auf längere Sicht gesehen – mit diesen Mitteln entsprechende Feuchtgebiete geschaffen werden. Allerdings erhebt sich dann die Frage, ob man Spender finden würde, die ohne mahnende Gehegestörche bereit wären, Geld «nur» für Biotope zu geben.

Wenn der Storch einmal ausgestorben ist, kann er auf Dauer auch durch Wiederansiedlungsstationen nicht wieder eingebürgert werden, denn wo die natürliche Population aufgrund schlechter Lebensbedingungen ausstirbt oder bereits verschwunden ist, können auch gezüchtete und freigelassene Exemplare *ohne* menschliche Hilfe nicht mehr existieren.

Es gibt kein Patentrezept. Wir meinen aber, man sollte in den Gebieten mit Wiederansiedlungsversuchen beginnen, wo noch Restbestände vorhanden sind und die Voraussetzungen – wenn auch nur teilweise – gegeben sind, daß Störche ohne menschliche Hilfe Nahrung finden. Wir können uns gut vorstellen, daß man in solchen Gegenden gezüchtete Jungstörche bei wildlebenden Paaren einhorstet. Zumindest könnte so der freilebende Storchenbestand etwas aufgebessert, die Bestände eventuell sogar gehalten oder zumindest das völlige Verschwinden hinausgezögert werden, in der Hoffnung, daß der Storch endlich auf internationaler Ebene geschützt und daß ihm der Aufenthalt in seiner europäischen Brutheimat wieder lebenswert gemacht wird.

Der Schwarzstorch

Von den insgesamt 17 Storchenarten, die es auf der Erde gibt, kommt in Europa neben dem Weißstorch lediglich noch der Schwarzstorch vor. Im Gegensatz zum Weißstorch ist der Schwarzstorch ein scheuer Kulturflüchter, der in ruhigen, ausgedehnten Laub- und Mischwäldern brütet. Er ist bei uns in höchstem Maße vom Aussterben bedroht, denn es gibt nur noch wenige Paare.

Der Brachvogel

Auch der Brachvogel als Feuchtwiesenbewohner wird in absehbarer Zeit aussterben. Entwässerung, Grünlandumbruch, übertriebene Düngung und Gifteinsatz zerstören seinen Lebensraum.

➡

Von den insgesamt 17 Storcharten, die es auf der Erde gibt, kommt in Europa neben dem Weißstorch lediglich noch der Schwarzstorch vor. Im Gegensatz zum Weißstorch ist der Schwarzstorch ein scheuer Kulturflüchter, der in ausgedehnten Laub- und Mischwäldern brütet. Bereits im 16. Jahrhundert soll er aus der Schweiz verschwunden sein. In Deutschland und Oesterreich brütet er zwar noch, ist aber in höchstem Maße vom Aussterben bedroht.

Der Brachvogel ist Feuchtwiesenbewohner. Entwässerung, Grünlandumbruch, übertriebene Düngung und Gifteinsatz zerstören seinen Lebensraum. Durch den frühen Grasschnitt und die intensive maschinelle Bodenbearbeitung werden die Gelege zerstört, oder die Jungen getötet.

Da er am Boden brütet, werden ihm häufig auch früher Grasschnitt für Silofutter und maschinelle Bodenbearbeitung zum Verhängnis.

Zur Rettung des Brachvogels ist der Erhalt von feuchten Mähwiesen vordringlich. Um seine Brut zu schützen, dürfen die Wiesen erst gemäht werden, wenn die Jungen groß genug sind, um vor der Mähmaschine flüchten zu können.

Der Kiebitz

Der Kiebitz, ein früher weit verbreiteter Bewohner von Sumpfwiesen, Weiden, Feldern und Mooren, ist heute in seinem Bestand gefährdet.

Auch er ist ein Opfer der Trockenlegung und intensiven Bearbeitung landwirtschaftlicher Flächen.

Durch die fortschreitende Umwandlung von Wiesen in Ackerland und dem damit verbundenen Einsatz von Pflanzenschutzmitteln wurde das Nahrungsangebot für den Kiebitz gewaltig geschmälert.

Auch der Kiebitz ist Bodenbrüter. Er brütet meist schon im März. Sowohl sein Erstgelege im Frühjahr als auch das Gelege seiner Zweitbrut im Sommer wird häufig von landwirtschaftlichen Maschinen beim Walzen oder Mähen zerstört.

Das Braunkehlchen

Ausgedehnte Feuchtwiesen mit ein paar Büschen oder sumpfige Gelände sind der Lebensraum für das Braunkehlchen, das als Sommervogel in ganz Europa vorkommt. Der Bestand des Braunkehlchens hat in den vergangenen Jahren in vielen mitteleuropäischen Ländern rapide abgenommen und ist auch bei uns stark in Gefahr. Wenn ein Großvogel wie der Storch immer seltener wird, fällt das allgemein auf. Wenn aber ein kleiner Singvogel wie das Braunkehlchen für immer aus einem Lebensraum verschwindet, bemerkt das kaum jemand.

Auch für den Rückgang des Braunkehlchens sind die Lebensraumzerstörung durch die intensive landwirtschaftliche Nutzung und die Giftbelastung seiner Insektennahrung verantwortlich.

Ein anderer Bodenbrüter, der durch die Zerstörung von Hecken und auch den Einsatz landwirtschaftlicher Maschinen bedroht ist, ist das Rebhuhn. Obwohl es längst auf der Roten Liste steht, zählt man es zum jagdbaren Wild, und es liegt im Ermessen des Jägers, ob er es schießt oder am Leben läßt. Etwa die Hälfte aller Rebhuhnnester findet man in Wiesen, in Klee- oder Getreidefeldern.

Im Vergleich zu den früheren Mähwerken mit Messerbalken werden bei den hochtourig rotierenden Messern des Kreiselmähers die Gelege bodenbrütender Vögel fast immer zerstört.

Viele Vögel und Säugetiere haben die Angewohnheit, sich bei Gefahr zunächst im hohen Gras zu verstecken. Deshalb bleibt ihnen vor dem rasch sich nähernden Kreiselmäher oft keine Chance mehr zur Flucht.

➠
Ausgedehnte Feuchtwiesen mit ein paar Büschen sind der typische Lebensraum für das Braunkehlchen. Für seinen Rückgang sind in erster Linie die Lebensraumzerstörung, die Giftbelastung seiner Insektennahrung sowie die intensive Nutzung landwirtschaftlicher Grünflächen verantwortlich.

Der Neuntöter ernährt sich überwiegend von Insekten, doch er bewältigt auch Mäuse, die er – wie alle seine Beutetiere – auf Dornen spießt, ehe er sie verzehrt.

Der Neuntöter

Verwilderte Hecken und dornige Büsche in der offenen Landschaft, besonders in Heidegebieten mit niedrigem Graswuchs, sind die bevorzugten Lebensräume für den Neuntöter.

Doch chemiefreie und reichgegliederte, buschige Gebiete, wie sie der Neuntöter braucht, werden immer seltener. Durch die Einengung oder Zerstörung seines Lebensraums hat sein Bestand derart abgenommen, daß er bereits bei den stark gefährdeten Vogelarten eingestuft werden mußte. Seine Verwandten, der Schwarzstirn-, der Raub- und der Rotkopfwürger sind vom Aussterben bedroht.

Der Neuntöter ernährt sich überwiegend von Insekten, manchmal sogar von Mäusen, die er nach Neuntöterart auf Dornen spießt, ehe er sie verzehrt. Gewöhnlich sitzt der Neuntöter auf einem erhöhten Ast und hält Ausschau nach Beutetieren. Sobald er eines entdeckt hat, stürzt er sich von seiner Warte auf das Opfer.

Sein Nest baut er mit Vorliebe in Heckenrosen oder andere dornige Sträucher, gerne auch in Wacholderbüsche.

Nur durch Erhalt und Neuanlage von Hecken und dornigen Sträuchern in chemiefreien Lebensräumen kann der Fortbestand des Neuntöters auf Dauer gesichert werden.

Häufig fallen der gutgemeinten, aber oft übertriebenen Heidepflege die für den Neuntöter so wichtigen dornigen Büsche zum Opfer.

Ausgedehnte Freiflächen zur Beutejagd allein helfen aber dem Neuntöter wenig, wenn er keinerlei dichtes, dorniges Gestrüpp zum Nestbau oder zum Aufspießen seiner Beutetiere vorfindet.

Die Uferschnepfe

Feuchtgrünland in der Umgebung von Seen und Teichen, bültenreiches Sumpfgelände, Seichtwasser und Schlammflächen oder Flußniederungen sind die typischen Lebensräume der Uferschnepfe während der Brutzeit. Sie ernährt sich von Insekten und deren Larven, kleinen Weichtieren und Würmern sowie gelegentlich auch von Fisch- und Froschlaich. Größere Beutetiere kann sie nicht verschlingen.

Die Uferschnepfe ist – ebenso wie die vielen anderen, an feuchte Wiesen gebundenen Vogelarten – stark gefährdet. Um ihren Bestand zu sichern, müßte in den Brutgebieten sowohl der Umbruch von Grünland in Ackerland als auch die Trockenlegungen gestoppt werden. Zum Schutz ihrer Bodenbruten sollten zwischen Mitte April und Ende Juni weder organischer Dünger ausgebracht, noch sollten überhaupt ihre Brutgebiete mit landwirtschaftlichen Maschinen befahren werden, denn die Wiesenvögel finden zwischen den einzelnen Arbeitsgängen wie Walzen, Düngen, Mähen oder dem Viehauftrieb kaum noch Zeit, unbeschadet ihre Brut aufzuziehen.

Der Kampfläufer

Ebenso wie die Uferschnepfe ist auch der Kampfläufer an schlammige Flächen am Rande stehender oder fließender Gewässer gebunden. Er ernährt sich überwiegend von Insekten, Würmern und kleinen Weichtieren.

Alljährlich zur Balzzeit legen die Männchen ein neues, individuell verschieden gefärbtes Federkleid an, mit dem sie um die Weibchen werben.

Bei uns ist es um die Kampfläufer schlecht bestellt, denn nur noch wenige Paare brüten in Schleswig-Holstein und in Niedersachsen. Wenn

Feuchtgrünland in der Umgebung von Seen und Teichen oder sumpfiges Gelände sind typische Brutbiotope der Uferschnepfe. Zum Schutz ihrer Bodenbruten sollten die Brutgebiete zwischen April und Ende Juni nicht mit landwirtschaftlichen Maschinen befahren werden.

nichts Gravierendes geschieht, wird dieser interessante Vogel bald verschwunden sein.

Die seit Jahren zu beobachtende rückläufige Entwicklung ist auf die Entwässerung ehemals riesiger Feuchtgebiete zurückzuführen. Denn im Gegensatz zu anderen Vogelarten weicht der Kampfläufer nicht auf feuchte Kleinbiotope aus. Ein kleineres Feuchtgebiet als etwa fünf Hektar akzeptiert er nicht als Brutgebiet.

Die Kampfläuferbalz spielt sich Jahr für Jahr auf denselben Balzplätzen ab. Wenn es auch manchmal so aussehen mag, gefährlich sind die Balzkämpfe der Männchen nicht. Sie bestehen aus Drohverhalten gegenüber den Rivalen und Imponiergehabe vor den Weibchen.

Bei den Balzkämpfen plustern die Kampfläufermännchen ihr Prachtkleid auf und stellen die bunten Halskrausen zur Schau.

Kampfläufer führen keine Ehe. Ein Weibchen paart sich mit verschiedenen Männchen und übernimmt Nestbau, Brut und Jungenaufzucht allein.

Andere bedrohte Vogelarten

Die Flußseeschwalbe

Die Flußseeschwalbe ist im mitteleuropäischen Binnenland vom Aussterben bedroht. Als Folge von Flußbegradigungen fehlen ihr natürliche Brutplätze auf Kies- und Sandbänken, und in den verschmutzten Gewässern findet sie nicht mehr genügend Fische. Zudem ist ihre Nahrung mit Giftstoffen belastet. Am Bodensee hat man in Eiern der Flußseeschwalbe hohe Konzentrationen von Schadstoffen gefunden.

Auch menschliche Störungen während der Brutzeit können in den kleinen Brutkolonien der Binnengewässer erheblich schaden. Häufig müssen die letzten Brutplätze der Flußseeschwalbe bewacht werden.

Unsere übrigen Seeschwalbenarten haben ebenfalls schlechte Zukunftsaussichten. Einige sind vom Aussterben bedroht, die anderen stark gefährdet. Zwei Arten sind bereits ausgestorben.

Der Uhu

Schroffe, schwer zugängliche Felswände mit Vertiefungen an kahlen Berghängen, aber auch Felswände in großen Wäldern sind der typische Lebensraum des Uhu.

Unsere größte europäische Eulenart wurde früher vom Menschen brutal verfolgt. Man sah im Uhu einen großen Jagdschädling, außerdem galt sein Ruf als böses Omen.

In den fünfziger Jahren war er in Westeuropa so gut wie ausgerottet. Durch jahrelangen, unermüdlichen Einsatz ist es der «Aktion zur Wiedereinbürgerung des Uhus» gelungen, den Uhu in der Bundesrepublik Deutschland gebietsweise wieder anzusiedeln.

Inzwischen leben bei uns wieder rund 300 Uhupaare in Freiheit, bundesweit gesehen allerdings eine geringe Zahl. Deshalb bleibt zu hoffen, daß der stark gefährdete Uhu nicht wieder ausgerottet wird, noch ehe er richtig Fuß fassen kann.

Neben dem Uhu stehen sieben weitere Eulenarten auf der Roten Liste. Einige davon benötigen hohle Bäume oder Spechthöhlen als Brutplatz, denn Eulen können selbst keine Nisthöhlen zimmern.

Der Uhu, unsere größte europäische Eulenart, war in den 50er Jahren in Westeuropa fast ausgerottet, weil man ihn für einen Jagdschädling hielt. Inzwischen gelang es, den Uhu in der Bundesrepublik und den angrenzenden Gebieten der Niederlande, Belgiens, Luxemburgs, Frankreichs, Dänemarks und der DDR wieder einzubürgern.

Rauhfußkauz, Sperlingskauz

Auch der Rauhfußkauz gehört zu den höhlenbrütenden Eulen. Er lebt bevorzugt in Nadelwäldern und brütet häufig in den Höhlen von Schwarz- und Buntspecht. Den Tag verschläft er im Dunkeln dichter Wälder. Erst in der Dämmerung wird er munter und geht nachts auf Beutejagd, hauptsächlich jagt er Mäuse.

Der Rauhfußkauz braucht ebenso wie der Sperlingskauz Baum- oder Spechthöhlen als Nistplatz. Daher sind hohle Bäume überlebensnotwendig für sie und müßten unbedingt stehen bleiben.

Spechte als Zimmerer von Höhlen können wiederum nur in Wäldern leben, in denen sie genügend kranke Bäume und somit ausreichend Nahrungstiere finden. Wo aber gegen Borkenkäfer oder andere Waldschädlinge Chemie eingesetzt wird, haben Spechte keine Lebensgrundlage mehr.

Der Rauhfußkauz brütet in hohlen Bäumen. Da er selbst keine Bruthöhle zimmern kann, ist er auf verlassene Spechthöhlen angewiesen, hauptsächlich auf die des Schwarzspechts.

Künstliche Nisthöhlen, z.B. für Rauhfußkauz, Waldkauz, Hohltaube oder Wiedehopf können verlorengegangene Bruträume in hohlen Bäumen zwar ersetzen, sie sind aber kein Ersatz für vernichtete, einst nahrungsreiche Lebensräume. Künstliche Nisthöhlen für Eulen sollten in einer Höhe zwischen vier und sechs Metern aufgehängt werden. Zweckmäßig ist, wenn die Vorderwand mit einem Marderschutzanbau ausgestattet ist.

Streuobstwiesen sind die letzten Rückzugsgebiete für eine Vielfalt vom Aussterben bedrohter Tier- und Pflanzenarten. Die hochstämmigen Streuobstbestände sind pflegeleicht und müssen weder gedüngt noch mit Pflanzenschutzmitteln behandelt werden.

Leider mußten die alten Obstbaumbestände vielfach Obstplantagen weichen oder fielen dem Siedlungs- und Straßenbau, der Flurbereinigung oder Wochenendgrundstücken zum Opfer.

Streuobstwiesen bieten Lebensraum für viele Vögel, darunter für bedrohte Arten wie Steinkauz, Wendehals und Grünspecht.

Der Habichtskauz ist in der Bundesrepublik Deutschland ausgestorben. Diese imposante Eule jagt sowohl am Tag als auch bei Nacht. Kleine Restbestände konnten sich in den Karpaten, den Alpen und im Böhmerwald halten.

Der Grünspecht

Mit Vorliebe zimmert der Grünspecht seine Bruthöhle in alte Obstbäume.

Da Streuobstwiesen weder chemisch behandelt noch gedüngt werden, bieten sowohl die Bäume als auch die Wiesen einen günstigen Lebensraum für zahlreiche Insektenarten, die wiederum eine gute Nahrungsgrundlage für die Vögel sind.

Noch in den siebziger Jahren erhielten die Bauern Abholzprämien für alte Obstbäume, weil man die Anbauweise der Streuobstbestände für veraltet hielt. Heute bezahlt man Prämien für Flächenstillegungen und gibt Zuschüsse für die Neuanpflanzung von Hochstammobstbäumen.

Schleiereulen ernähren sich von Feldmäusen. Ihre jährliche Fortpflanzungsrate hängt – wie bei keiner anderen Eulenart – vom Beutetierangebot ab. Sie ist Kulturfolger und benötigt Quartiere und Brutplätze in Kirchtürmen, Scheunen, Dachstühlen oder Ruinen. Zahlreiche Schleiereulenbrutplätze gingen durch Renovierungsarbeiten verloren, und die großflächige Zersiedlung ehemaliger bäuerlicher Kulturlandschaften engte ihren Lebensraum gewaltig ein, so daß ihr Bestand gefährdet ist.

Moderne Obstplantagen werden jährlich etwa zwanzigmal mit den verschiedensten chemischen Mitteln gespritzt, und dabei werden fast alle Insekten vernichtet. In solchen Obstanlagen müssen insektenfressende Vögel natürlich verhungern.

➠

Grünspecht vor der Nisthöhle in einem Birnbaum mit fast flüggen Jungen. Er bewohnt Laubwälder, Parkanlagen oder Streuobstwiesen mit alten Bäumen, in die er seine Bruthöhle zimmert.

Die Uferschwalbe

Einen Lebensraum völlig anderer Art beansprucht unsere kleinste Schwalbenart, die Uferseeschwalbe. Sie baut ihr Nest in selbst gegrabene, waagerechte Erdröhren, die sie in mühevoller Arbeit mit den Füßen tief in sandige Steilwände scharrt und am Ende faustgroß für den Nestplatz erweitert.

Früher besiedelte sie Steilufer entlang von Flüssen und Bächen. Wegen der Regulierung unserer Fließgewässer mußte sie auf Kies- und Sandgruben ausweichen.

Uferschwalben sind gesellige Vögel, die kolonienweise brüten. Leider ist ihre Zahl stark zurückgegangen, und aus vielen Gebieten, in denen die Uferschwalbe einst brütete, ist sie längst verschwunden. Es fehlen ihr geeignete Steilwände, in die sie ihre Nisthöhlen bauen kann.

Ein Großteil der mitteleuropäischen Uferschwalbenpopulation brütet in stillgelegten Sand- und Kiesgruben. Deswegen sollten solche Anlagen unter Schutz gestellt werden. Nur so ist zu verhindern, daß weiterhin illegal Sand abgegraben wird, was die Vögel beunruhigt oder gar zur Zerstörung ihrer Nisthöhlen führt.

Mäandrierende Flüsse mit üppiger Ufervegetation sind ein schöner und beruhigender Anblick. Leider findet man solche Gebiete nur noch selten in unserem Land. Größere Schilfbestände an Ufern von Flüssen oder Teichen sind der Lebensraum verschiedener Rohrsängerarten, zum Beispiel des Drosselrohrsängers, des Teichrohrsängers oder des Schilfrohrsängers.

Der Drosselrohrsänger

Der Drosselrohrsänger baut sein Hängenest in dichte Schilfbestände. Er befestigt es sorgfältig an Schilfhalmen über dem Wasser, daß es auch heftigen Windstößen standhält.

Der Drosselrohrsänger ist – wie fast alle Rohrsängerarten – an das Leben im dichten Schilf optimal angepaßt. Er ernährt sich und seine Jungen von allerlei Wasserinsekten und deren Larven. Sein Bestand ist in der Bundesrepublik auf eine kritische Größe zusammengeschrumpft. Nur ganz gezielte Maßnahmen können vielleicht noch verhindern, daß

➠
Der Drosselrohrsänger ist optimal an das Leben im Schilf angepaßt. Von allen Rohrsängerarten ist er am meisten gefährdet.

Altwasserarm an der Wörnitz im Nördlinger Ries mit breitem Schilfgürtel. Idealer Lebensraum für Teich-, Schilf- und Drosselrohrsänger.

Wenn der Grau- oder Fischreiher auf Beute lauert, verharrt er bewegungslos. Seine Vorliebe für Fische wurde ihm zum Verhängnis. Sein Nahrungskonkurrent, der Mensch, hat ihn erbarmungslos verfolgt, bis er gebietsweise auszusterben begann. Inzwischen hat man den Graureiher zwar unter Schutz gestellt, trotzdem wird er immer wieder heimlich getötet.

auch der Drosselrohrsänger schon in absehbarer Zeit ausstirbt wie bereits vor ihm der Seggenrohrsänger.

Alle Schilfbewohner leiden unter zunehmenden Freizeitbetätigungen, selbst ruhige Angler können Wasservögel im Umkreis von einem Hektar stören. Freizeitgestaltung und Naturschutz sind kaum miteinander in Einklang zu bringen. So beeinträchtigen oder vernichten Baderummel, Surfen und Bootfahren mehr und mehr die letzten noch intakten Lebensräume.

Um die Wasserqualität zu verbessern, müßte auf Düngung und Pestizideinsatz in Gewässernähe verzichtet werden. Entwässerungsmaßnahmen sollten endlich gestoppt und verbaute Gewässer und Bäche rasch in den natürlichen Zustand zurückgeführt werden. Doch in unserem dichtbesiedelten Land, in dem nur Wachstum und Wohlstand zählen, wird Natur- und Umweltschutz immer schwieriger. Zieht man in Betracht, daß allein in der Bundesrepublik stündlich 100000 Quadratmeter Landschaft für Straßen, Industrie- und Wohnsiedlungen zugebaut werden, haben unsere bedrohten Tierarten langfristig gesehen keine Überlebenschance mehr. Schon jetzt stirbt täglich irgendwo auf der Erde eine Tier- oder Pflanzenart für immer aus – unwiederbringlich. Jeder einzelne von uns sollte mithelfen zu retten, was noch zu retten ist. Sonst bleibt uns eines Tages nichts mehr, das sich zu schützen lohnt.

Der Kranich

Der Kranich lebt fast ausschließlich in nassem Gelände und lichten Bruchwäldern. Sein großes Nest legt er in unzugänglichen, buschreichen Sümpfen an mit tiefem Morast und brackigem Wasser. Es liegt in der Regel an einem etwas erhöhten Platz und ist von Wasser umgeben. So ist es besser vor Feinden wie Marder oder Fuchs geschützt.

Kraniche legen meist zwei Eier, die von beiden Altvögeln abwechselnd bebrütet werden. Als Nestflüchter verlassen die Jungen das Nest bereits nach etwa 24 Stunden. Sie folgen dann ihren Eltern durch das unwegsame Gelände, wobei sie Wasserstellen durchschwimmen. Mit etwa zehn Wochen sind sie flügge, bleiben aber bis zum nächsten Frühjahr im Familienverband. Meist überlebt nur ein Junges.

Der Kranich verzehrt sowohl pflanzliche als auch tierische Nahrung, wie junge Pflänzchen, Wurzeln, Beeren, Samen, halbreifes und reifes Getreide, Würmer, Weichtiere, Insekten, Mäuse, gelegentlich sogar Vögel oder Gelege von Bodenbrütern, manchmal kleine Fische. Er ist sehr empfindlich gegen Störungen aller Art, besonders während der Brut. Aber einsame, störungsfreie Moore und Feuchtgebiete gibt es bei uns so gut wie nicht mehr.

Mit dem Wachstum der Bevölkerung begann der Mensch, das in seinen Augen wertlose Moorland zu entwässern, dann industriell abzutorfen, landwirtschaftlich zu nutzen, aufzuforsten oder gar zu bebauen. Auf diese Weise wurden in der Bundesrepublik, aber auch in anderen europäischen Ländern, riesige Moorflächen unwiederbringlich zerstört und damit zahlreichen Moorbewohnern – Pflanzen und Tieren – die Lebensgrundlage genommen.

So war der Kranichbestand in der Bundesrepublik 1974 auf nur zwölf Paare geschrumpft. Da begannen der WWF (World Wildlife Fund), der DBV (Deutscher Bund für Vogelschutz) und der BUND (Bund für Umwelt- und Naturschutz Deutschland) mit Spendengeldern in Zusammenarbeit mit Behörden, Landwirten und Forstämtern geeignete Gebiete aufzukaufen oder zu pachten. Mit ungeheurem Idealismus gingen eh-

Kraniche an einer Wasserstelle im spanischen Rast- und Überwinterungsgebiet «Laguna de Gallocanta» zwischen Madrid und Zaragoza beim Trinken und Baden.

renamtliche Helfer ans Werk. Entwässerungsgräben in ehemaligen Mooren, Bruchwäldern und Feuchtwiesen wurden aufgefüllt, und das Gelände wieder vernäßt, Ackerland in Grünland für die Jungenaufzucht zurückverwandelt. Man stellte so wieder «kranichgerechte» Biotope her und bewachte während der Brut die Nester, um Störungen und Eierdiebe fernzuhalten. Der Einsatz hat sich gelohnt! Inzwischen schätzt man den Bestand in der Bundesrepublik wieder auf 60 Brutpaare.

In Skandinavien und Nordosteuropa gibt es gegenwärtig etwa 30000 Kranichpaare, davon brüten rund 15000 in Schweden, 10000 in Finnland, 1000 in Norwegen, 2000 in Polen und 500 in der DDR.

Der Kranich ist Zugvogel. Abhängig von der Witterung und der geographischen Lage verlassen die skandinavischen Kraniche bereits in der ersten Septemberhälfte die Brutgebiete und ziehen zusammen mit ihren Jungen in südliche Überwinterungsgebiete. Sie fliegen nicht im Nonstop, sondern rasten an ganz bestimmten Plätzen. Die erste Raststation für die schwedischen und norwegischen Kraniche liegt auf der Insel Öland. Nach mehrtägigem Aufenthalt fliegen sie rund 300 Kilometer weiter zur Insel Rügen, wo die einzelnen Gruppen zwischen Anfang und Mitte Oktober eintreffen. Nach etwa 14 Tagen ziehen sie weiter nach Süden. Nördlich von Hannover, im Ostholzer Moor, liegt ein weiterer Rastplatz. Vereinigt mit den Kranichen der DDR, der Bundesrepublik und Westpolens fliegen sie nun über Belgien und Luxemburg nach Frankreich. Dort finden sie am Lac du Der Chantecoq, einem 60 Quadratkilometer großen, künstlichen See, einen weiteren Rastplatz. Der See wurde 1974 zusammen mit dem 25 Quadratkilometer großen Lac de la Forêt d'Orient als Ausgleichsbecken für Seine und Marne angelegt. Die Seen liegen im Jagdschutzgebiet. Im Winter, bei Niedrigwasser, treten Sandbänke und Wiesen zutage, auf denen sich Tausende von Wasservögeln aufhalten. Hier haben auch die Kraniche seichte Wasserstellen zum Nächtigen und Rasten, bevor sie mit noch mehreren Unterbrechungen weiterziehen in ihre Überwinterungsgebiete nach Spanien und Portugal. Nur wenige verbringen den Winter in Marokko.

Die Population Finnlands, Ostpolens und der baltischen Sowjetunion zieht über Ungarn, Jugoslawien, Albanien und Süditalien nach Tunesien.

Kraniche stellen besondere Ansprüche an Rast- und Winterplätze. Als Schlafplatz suchen sie seichte Flachwassergebiete auf mit freier Sicht. Hier können sie sicher vor Feinden schlafen. Die Äsungsflächen mit einem genügend großen Nahrungsangebot müssen in der Nähe liegen. An den einzelnen Rastplätzen halten sie sich verschieden lange auf, was wohl vom Nahrungsangebot und von der Witterung abhängt.

Durch Trockenlegungen, Aufforstungen und Intensivierung der Landwirtschaft wurden in den letzten Jahren viele Rastplätze zerstört, die Kraniche mußten auf andere Stellen ausweichen. Als Überwinterungsplatz wählen die meisten Kraniche die westspanische Provinz Extremadura. Tagsüber halten sie sich in den ausgedehnten Korkeichenwäldern auf, wo sie ihre Nahrung, die Eicheln, und zwischen den Bäumen gute Deckung finden. Die Nacht verbringen sie in großen Trupps am Rande flacher Seen.

Die Zerstörung der angestammten Winterplätze schreitet ständig voran. Die Eichenhaine werden immer kleiner, die Korkeichen gerodet. Sie müssen ausgedehnten Maisfeldern Platz machen. Früher waren Kraniche in vielen Ländern zum Abschuß freigegeben, weil sie während des Zugs scharenweise auf den Feldern einfallen. Auf ihrem Herbstzug fressen sie hauptsächlich die ausgefallenen Körner von den abgeernteten Feldern, auf ihrem Frühjahrszug machen sie sich jedoch auf den eingesäten Feldern über die keimende Saat her. Heute ist der Kranich zwar überall geschützt. Trotzdem vertreibt man ihn in Spanien von den Feldern, weil die Bauern zu wenig Entschädigung für die Freßschäden erhalten.

In der spanischen Provinz Aragón, zwischen Madrid und Zaragoza, liegt in etwa tausend Meter Höhe die Laguna de Gallocanta. Dieser flache Salzsee hat sich seit einigen Jahren zum größten Rastplatz der Kraniche in Europa entwickelt. Zweimal jährlich, im Frühjahr und Herbst, rasten hier die europäischen Kraniche. Zudem nutzen immer mehr die Umgebung der Lagune zur Überwinterung. Der Platz ist ideal: Sie finden hier geeignete Schlafplätze und auf den umliegenden Feldern Nahrung in Hülle und Fülle. Bei einer Zählung im Frühjahr 1987 an dem drei Kilometer breiten und zehn Kilometer langen Salzsee kam man auf 27000 Kraniche, im Herbst 1988 waren es an einem Tag etwa 40000. Entsprechend groß ist der Schaden für die Bauern. Mit halbgeöffnetem Schnabel und seitlichen Schlenkerbewegungen durchwühlen die Kraniche systematisch den Boden und stochern die Körner aus der Erde. Oft halten sich 500 Kraniche und mehr stundenlang auf demselben Feld auf. Man hat schon versucht, die Kraniche gezielt zu füttern, jedoch ohne Erfolg.

➡

Kraniche auf einem frisch eingesäten Feld an einem spanischen Rast- und Überwinterungsplatz. Anfang März, vor dem Aufbruch in die nordische Brutheimat, beginnen sie schon vereinzelt mit ihren Balztänzen.

Kranich auf dünner Eisdecke am 1000 m hoch gelegenen spanischen Rastplatz «Laguna de Gallocanta» zwischen Madrid und Zaragoza.

Anders in Schweden, dort werden am Rastplatz am Hornborgasee Kraniche bei ihrer Ankunft im Frühjahr schon seit Jahren gezielt mit Gerste gefüttert, die man abends ausstreut. Während der nur drei- bis vierwöchigen Kranichrast werden durchschnittlich 15 Tonnen Gerste an die rund 6000 Kraniche verfüttert. Da zu dieser Zeit in Schweden die Felder noch nicht oder nur ganz vereinzelt eingesät sind und der Boden meist noch gefroren ist, nehmen die Kraniche das Angebot gerne an.

In Spanien dagegen werden die Getreidefelder sowohl im Herbst als auch im Frühjahr gerade dann eingesät, wenn die Kraniche eintreffen. Im weiten Umkreis ist also ein reichliches Nahrungsangebot vorhanden, gezielte Fütterung ist nicht möglich. Der auf den Feldern angerichtete Schaden ist beträchtlich, der Ertragausfall schwankt nach Angaben der Landwirte auf den betroffenen Feldern zwischen 10 und 60%. Vom Herbst bis Frühjahr 1988/89 haben über einen Zeitraum von 120 Tagen durchschnittlich 15000 Kraniche gerastet. Bei einer täglichen Futteraufnahme von nur 100 Gramm pro Vogel sind das in 120 Tagen 180000

Kilogramm Saatgetreide. Multipliziert man das Saatgetreide nur mit dem Faktor 25 (aus einem Saatkorn sollen 25 Körner wachsen), so ergibt das einen Ertragsverlust von 4500000 Kilogramm, bei einem Kilopreis von DM -,40 einen Gesamtverlust von DM 1800000,- für die Bauern, und jedes Jahr müssen sie erneut um eine minimale Entschädigung von durchschnittlich 7% kämpfen. Das hat sie in Rage gebracht, und seit November 1988 werden die Kraniche mit Autos, Motocrossrädern, Karbidkanonen und Feuerwerksraketen vertrieben. Manche Bauern spannen auch gefährliche Stolperdrähte über die frisch eingesäten Felder. Durch Flächenbrände, Abbrennen von Autoreifen, Schilf und Böschungen will man verhindern, daß die Kraniche im seichten Wasser der Lagune nächtigen. Diese grausamen Aktionen müssen gestoppt werden. Die Kraniche brauchen Futter, den Bauern kann man nicht zumuten, den Schaden allein zu tragen. Gefordert sind deshalb alle Naturschutzorganisationen und die Regierungen, den Kranichen zuliebe eine schnelle, eine europäische Lösung zu finden, sonst sind alle Bemühungen um den Kranichschutz bei uns vergebens.

Die nachfolgenden Vogelarten, die in unserem Land bereits für immer ausgestorben sind, sollten uns ebenfalls eine Mahnung sein: *Seggenrohrsänger, Rothuhn, Schreiadler, Triel, Schlangenadler, Blauracke, Mornellregenpfeifer, Papageitaucher, Doppelschnepfe, Waldrapp, Gänsegeier, Raubseeschwalbe, Steinrötel, Großtrappe, Fischadler, Steinsperling, Rosenseeschwalbe, Habichtskauz.*

Insekten

Spezifische Eigenschaften und Eigenarten

Es gibt Insekten seit über 300 Millionen Jahren. In dieser Zeit haben sie etwas erreicht, was außer ihnen noch keine Organismengruppe vollbracht hat: Ausgehend von den wenigen Ur-Insekten, bildete sich im Lauf der Zeit eine unendliche Vielzahl der verschiedensten Insekten, die Land und Wasser in der gewaltigsten Artenvielfalt unseres Planeten bevölkerten.

Die Insekten drangen in immer neuen Formen in alle erdenklichen ökologischen Nischen ein und nutzten dort alles, was sich an möglichen Futterquellen bot. Dabei entwickelte jede Art und Unterart ihre ganz spezifischen Eigenschaften und Eigenarten, die es möglich machten, daß jedes Insekt sich vollkommen an seinen Lebensraum anpassen konnte.

Zuerst entstanden Insekten, die sich nicht von Pflanzen, von Nektar oder Pollen, sondern von anderen Insekten ernährten. Diese «fleischfressenden» Insekten erwiesen sich als voller Erfolg für den Kreislauf der Natur, und so konnten diese «Räuber» oder «Parasiten» immer noch mehr neue Arten hervorbringen. Heute ernährt sich etwa die Hälfte aller existierenden Insekten von anderen Insekten. Allerdings sind fast alle Parasiten auf ganz spezielle «Wirte» angewiesen und somit ebenfalls auf eine ganz spezielle ökologische Nische festgelegt, die ihres Wirtes, in dem sie leben oder in den sie ihre Eier ablegen.

Die einzelnen Insektenarten unterscheiden sich erheblich in ihren Entwicklungsstufen, denn es gibt mehr oder weniger hoch entwickelte, solitär oder in Staaten lebende Insekten, wobei auch die Staatsformen differieren: So gibt es Insektenstaaten wie etwa bei Bienen, Ameisen oder Termiten, die man durchaus mit den menschlichen Staatsformen vergleichen kann und die damit einmalig sind im Tierreich. Denn viele Insekten verrichten Arbeiten, die auch wir Menschen machen, sie sind Landwirt und Viehzüchter und leben in einem straff organisierten System mit festem Rang und Aufgabenteilung. All das geschieht bei den Insekten «instinktiv» und wesentlich effektiver als beim Menschen. So züchten manche Arten, wie etwa die Termiten oder die Blattschneideraameisen Pilze, wozu sie in einigen Kammern ihrer Staaten regelrechte Kulturen und Nährböden anlegen; daneben halten sie sich Haustiere, vor allem Blattläuse, die sie «melken».

Bekannt sind uns heute weltweit über 775000 Insektenarten. Das entspricht etwa drei Viertel aller lebenden Tierarten. Doch vermutlich gibt es wesentlich mehr Insekten. Experten nehmen an, daß nicht einmal die Hälfte aller existierenden Insektenarten bekannt ist.

In unserem Lebensraum kennen wir natürlich die Insekten, mit denen wir unmittelbar zu tun haben oder die für uns besonders interessant sind, weil sie uns nützen, wie etwa Bienen, Hummeln oder Schmetterlinge, die für die Bestäubung der Blüten sorgen und obendrein noch schön anzusehen sind – oder weil sie als extreme Schädlinge gelten und deshalb mit allen Mitteln bekämpft werden.

Doch daneben gibt es Insekten, die wir gar nicht kennen, obwohl sie bei uns leben, oder Insekten, in deren ökologischen Nischen nach menschlichem Ermessen gar kein Leben möglich ist, denn Insekten nutzen das gesamte Spektrum der Erde, um ganz spezifische und damit gesicherte Lebensbereiche zu finden.

In der Antarktis zum Beispiel leben über 40 Insektenarten. Dann gibt es die sogenannten Salzfliegen, deren Larven in beinahe reinem Salz leben, für uns unvorstellbar; noch seltsamer ist die Existenz der Petroleumfliegenlarven, denn man findet sie ausschließlich in Rohölpfützen bei kalifornischen Ölquellen.

Entsprechend vielfältig und unterschiedlich wie die Lebensräume und Lebensgewohnheiten sind auch Körperbau und Aussehen der einzelnen Tiere. So gibt es Insekten, die kleiner sind als manche Einzeller. Das kleinste in der Bundesrepublik Deutschland vorkommende Insekt ist die Eierwespe mit winzigen 0,3 Millimetern. Daneben gibt es aber auch Insekten, die größer als kleine Säugetiere sind: Das allergrößte bekannte Insekt ist der Atlas-Falter, der in Indien und im südlichen Ostasien vorkommt. Er bringt es auf über 30 Zentimeter Flügelspannweite.

Die Spezialisierung der Insekten auf pflanzliche Nahrung geht auf ihre Entwicklungsgeschichte zurück, denn obwohl es seit über 300 Millionen Jahren Insekten gibt, existieren blühende Pflanzen erst seit rund 130 Millionen Jahren. Das bedeutet, daß auch die Gruppe der Pollen- und Nektarsammler erst später entstehen konnte. So gehören also gerade die Insekten, die wir alle aus unseren Gärten kennen, entwicklungsgeschichtlich gesehen zu den jüngsten Arten.

Neben außergewöhnlichen ökologischen Nischen und Lebensgewohnheiten haben Insekten auch ungewöhnliche Fähigkeiten: So kann eine Ameise zum Beispiel einen Stein, der etwa 50mal so schwer ist wie sie selbst, mühelos wegtragen. Auch die Fluggeschwindigkeiten sind enorm: Schmetterlinge und Wespen bringen es auf etwa 20 bis 30 Stundenkilometer, ebenso Hornissen und Bienen. Bremsen, Libellen und Schwärmer sind die absoluten Rekordhalter. Sie schaffen Geschwindigkeiten bis zu 40 Stundenkilometer.

Doch all diese enormen Fähigkeiten und Leistungen, die es den Insekten möglich machten, sich in 300 Millionen Jahren überall auf der Erde auszubreiten, nützen ihnen nichts mehr, seit der Mensch begonnen hat, die Erde nach seinen Bedürfnissen einzurichten. Denn viele Insekten erliegen den indirekten Folgen der andauernden menschlichen Zerstörung. Die Bekämpfung und Ausrottung ganzer Insektenvölker geschieht systematisch durch Einsatz von Insektiziden. Nicht etwa, weil sie schädlich oder gefährlich wären, sondern aus Unkenntnis. Nehmen wir das Beispiel der Hornissen: Wie oft werden ihre Nester zerstört oder ausgeräuchert, weil man Hornissen als wild stechende, menschenverfolgende und lebensgefährliche Ungeheuer sieht. Dabei sind sie nicht mehr oder weniger gefährlich als Bienen.

Bald krabbelt kein Käfer mehr

Werfen wir einen Blick auf die Rote Liste und greifen eine Insektengruppe heraus – die Käfer. Von mehr als 5700 Käfern, die in der Bundesrepublik Deutschland bekannt sind, wurden beim Erstellen der Roten Listen 4073 erfaßt. Von ihnen sind 1687 Käferarten – das sind über 40% – mehr oder weniger stark gefährdet, in allen ihren Lebensräumen sind sie gleichermaßen bedroht: 34% der im Wasser lebenden, 40% der am Boden lebenden und 35% der pflanzenbewohnenden Käfer. Daneben 25% aller Käfer, die an Holz in seinen verschiedensten Zerfallstadien und an Holzpilzen vorkommen. Hinzu kommen noch alle ausgestorbenen Käferarten, deren Aufzählung Seiten füllen würde.

Die meisten gefährdeten Käfer könnte man direkt etwa durch Wasserschutz oder durch Reduzierung von Insektiziden schützen. Holzkäfern hilft man durch weniger Waldkosmetik, da sie vor allem auf altes, morsches Holz und auf verfaulende Stämme angewiesen sind.

Hier ist der Hirschkäfer zu nennen. Er ist mittlerweile stark gefährdet. Da der bis zu 7,5 Zentimeter erreichende größte Käfer Europas seine Eier in alte Stümpfe und Stämme von Eichen, manchmal auch Buchen,

Ulmen und anderen Laubbäumen ablegt, kann er sich nicht fortpflanzen, wenn er diese «Wochenstuben» nicht mehr findet. Gerade der Hirschkäfer ist besonders darauf angewiesen, daß alte Baumstümpfe bis zum völligen Zerfall belassen werden. Denn nach der Eiablage schlüpfen die Larven, die bis zu 10 Zentimeter groß werden und mit gewaltigen Kiefern ausgestattet sind, und leben danach über viele Jahre im Baumstumpf. Erst im fünften Sommer (manche Wissenschaftler sprechen sogar vom neunten Sommer), schaffen sie sich ein gänseeigroßes, festes Gehäuse, in dem sie sich verpuppen und aus dem sie im folgenden Sommer schließlich schlüpfen. Das ausgewachsene Hirschkäferweibchen ernährt sich von gärenden Eichensäften.

Mit dem Rückgang unserer Laubwälder und der zunehmenden Aufforstung mit Nadel-Nutzholz fallen natürlich auch die Nahrungsquellen des Hirschkäfers weg. So werden wir unseren größten europäischen Käfer bald wohl nur noch auf dem Papier oder unter Glas bewundern können. Unter den Käfern ist er eine imposante Erscheinung, vor allem die Männchen mit ihren riesigen Geweihen. Er wurde, obwohl völlig harmlos und auch unschädlich für den Wald, ein Opfer der modernen Forstwirtschaft.

Ein Opfer der Landwirtschaft, der Trockenlegung von Teichen, Tümpeln und anderen stehenden Gewässern, ein Opfer der Pestizide, die über das Grundwasser in alle Gewässer einfließen, ist der Große Kolbenwasserkäfer, den wir hier stellvertretend für die Wasserkäfer und andere am Wasser und in Feuchtgebieten vorkommende Käfer nennen wollen.

Der Große Kolbenwasserkäfer ist der größte unserer Wasserkäfer. Er ist stark gefährdet, da es ihm heute an stehenden Gewässern fehlt, die genügend Wasserpflanzen enthalten, um ihn ernähren zu können. Früher wurde er direkt verfolgt, da man glaubte, daß er mit seiner nadelartig geformten Hinterbrust Fische ansteche und töte. Dies ist natürlich Unsinn. Zwar ernähren sich die Larven des Kolbenwasserkäfers von kleinen Weichtieren, der Käfer selbst aber ausschließlich von Wasserpflanzen. Aber diese gibt es kaum noch, ebenso wenig wie stehende Gewässer. Mancher Tümpel wurde im Zug der Flurbereinigung einfach in Ackerland umfunktioniert.

Deshalb ist heute der Große Kolbenwasserkäfer zwar bei uns und in anderen europäischen Ländern unter Naturschutz gestellt, doch das ändert nichts daran, daß er in relativ kurzer Zeit aus weiten Gebieten völlig verschwunden ist und daß er dahin auch nie wieder zurückkehren kann, denn seine ehemaligen Lebensräume gibt es fast nicht mehr.

Der Große Kolbenwasserkäfer ist unser größter Wasserkäfer. Er wird fast 50 mm lang. Als vermeintlichen Schädling hat man ihn sinnlos verfolgt, so daß er gebietsweise selten geworden oder ausgerottet ist. Er lebt in stehenden Gewässern und ernährt sich von Pflanzen, seine Larven dagegen von kleinen Weichtieren.

Dabei zeigt gerade das Weibchen des Kolbenwasserkäfers ein faszinierend fürsorgliches Brutverhalten. Es sucht sich vor der Eiablage ein Blatt, das auf der Wasseroberfläche treibt, wickelt es um seinen Hinterleib und umwindet es dann mit feinen Fasern, bis es eine Art Körbchen geformt hat, in das es dann bis zu 50 Eier legt. Danach erhält das «Schiffchen» noch einen «Schnorchel» und treibt dann frei auf dem Wasser, bis die jungen Larven schlüpfen.

Neben den genannten Käfern gibt es auch noch Familien, die sich nicht in diese Kategorien einordnen lassen. Sie führen ein spezialisiertes Leben, sind eng an ihre Lebensräume gebunden und nicht in der Lage, auf andere ökologische Nischen auszuweichen. Da gibt es Käfer, die nur an Kadavern, an Dung, an Bodenpilzen, an Nestern von Vögeln und Säugetieren oder in Ameisenstaaten vorkommen. Oder sie leben auf Tieren oder als Parasiten in ihnen.

Sie sind, da sie durch ihre Spezialisierung anfälliger sind für Veränderungen der Umwelt, noch stärker gefährdet als andere Käfer. Ihr Grad der Gefährdung liegt zwischen 30 und 80%. Sie zu schützen, ist nicht durch gezielte Einzelmaßnahmen möglich, sondern sie können nur durch einen alles umfassenden Vollschutz von Biotopen geschützt werden.

Staaten, die untergehen

Etwa 85 Arten umfaßt die Familie der Ameisen in Deutschland, und davon sind nur etwa 15 Arten nicht besonders gefährdet, weil sie sich ohne große Schwierigkeiten den veränderten Umweltbedingungen angepaßt haben.

Deshalb sind die Ameisen, die wir aus Haus und Garten kennen, auch nicht so sehr gefährdet wie die Ameisen spezieller Biotope, etwa Moor- und Heideameisen oder Ameisen, die in Trockenrasenbiotopen oder in Obst- und Weinanbaugebieten vorkommen. Die wichtigsten Ursachen für die Gefährdung der Ameisen lassen sich auch hier von den Biotopen ableiten: zunehmendes Verschwinden von Moor- und Heidelandschaften, Insektizid- und Herbizideinsatz und die Umwandlung von Trockenrasenflächen in Flächen intensiver Obst- oder Ackerbauwirtschaft.

Die moderne Bodenbearbeitung in der Landwirtschaft setzt besonders den hügelbauenden Ameisen stark zu. Anderen spezialisierten Ameisen fehlen Trockenmauern und Steinhaufen, Streuobstwiesen und die ehemals bunte Vegetation der Wegränder. Ausgestorben sind deshalb bei uns bereits die *Schwarze Holzameise* und die *Furchenlippige Kerbameise.* Vom Aussterben bedroht sind: *Kerblippige Holzameise, Stöpselkopfameise, Schildleibameise, Uralameise, Amazonenameise* und *Schlanke Urameise.* Alle 60 anderen Ameisenarten sind zumindest gefährdet.

Rettet die Wildbienen – Der Naturhaushalt braucht sie

Seit über hundert Millionen Jahren gibt es blütenbesuchende Insekten, wovon die uns bekanntesten die Bienen sind: Über Jahrtausende hinweg hielt der Mensch Bienen in Ton-, Korb- oder Holzbehältern und ließ sie für sich arbeiten. Neben den großen Staaten der von uns kultivierten Honigbienen gibt es noch die Wildbienen mit über 500 verschiedenen Arten, zu denen auch die etwa 36 bei uns vorkommenden Hummelarten gehören. Sie konnte der Mensch nicht für seine Zwecke kultivieren, da sie keine so großen und effektiven Staaten bilden wie die Honigbienen.

Oft werden Wildbienen mit Honigbienen, mit Wespen oder auch mit Fliegen verwechselt, da sie diesen auf den ersten Blick sehr ähnlich sehen. Doch tatsächlich ist keine Wildbienenart wie die andere. Sie unterscheiden sich in Körperbau, Farbe und Zeichnung und natürlich auch in ihren Lebensgewohnheiten.

Den Wildbienen kommt eine fast noch größere Bedeutung zu als den Honigbienen, denn sie sind aufgrund ihrer Artenvielfalt unersetzlich für den Naturhaushalt und die Entwicklung der Pflanzen. Deshalb hat man sie in der Bundesrepublik Deutschland unter Naturschutz gestellt.

Wildbienen lassen sich in drei biologische Gruppen unterteilen: Da sind die Solitärbienen, die als Einsiedlerbienen völlig auf sich gestellt sind und nicht in einem Staat leben. Jedes Weibchen baut sein eigenes Nest und versorgt seine Brut allein. Daneben gibt es aber auch sozial organisierte Wildbienenarten wie etwa die Hummeln. Sie leben in einjährigen Staaten zusammen. Doch werden diese Staaten niemals so groß wie der Honigbienenstaat, der ja über viele Jahre hinweg besteht. Die dritte Gruppe sind die schmarotzenden Arten, auch Kuckucksbienen genannt. Sie bauen keine eigenen Nester, sondern legen ihre Eier in fremde Nester, nutzen das Brutverhalten anderer Insekten aus.

Alle Wildbienen sind Blütenbesucher, wobei die Bienen, die selbst Nester bauen, einen Vorrat an Nektar und Pollen für ihre Brut in die Zellen einbringen, bevor sie ein Ei hineinlegen. Andere Bienen, die ihre Nester nicht selbst bauen, sondern Röhren oder Höhlen benutzen, legen zum Ei ein Pollenpaket ab, von dem sich die geschlüpfte Larve dann bis zu ihrer Verpuppung ernähren kann.

Zwischen den Wildbienen und den Blütenpflanzen besteht eine gegenseitige Abhängigkeit. Fast alle Wildbienenarten können zwar mehrere verschiedene Pflanzen besuchen und sich von deren Nektar und Pollen ernähren, doch ist erst einmal eine reichhaltige Futterquelle ausfindig gemacht worden, so werden die Bienen, zumindest für kurze Zeit, blütenstet, das heißt, sie besuchen die Futterquelle, bis sie versiegt. Gerade für die staatenbildenden unter den Wildbienen ist ein reichhaltiges Nahrungsangebot wichtig. Da der einjährige Staat sich in kürzester Zeit aufbauen muß, müssen relativ wenig Bienen eine immer größere Anzahl an Maden versorgen. Fallen reichhaltige Futterquellen aus, stirbt auch die Brut, und so kann leicht und schnell ein ganzes Volk zugrundegehen.

Die solitären Wildbienen sind meist an ganz bestimmte Blütenarten gebunden. Fallen diese Blüten aus, etwa weil sie abgemäht oder totgespritzt werden, kann die erwachsene Solitärbiene zwar überleben, indem sie auf andere Blütenpflanzen wechselt, sie kann dann aber keine arterhaltenden Nachkommen hervorbringen. So werden allein durch das Abmähen von Blumenwiesen ganze Bienengenerationen an ihrer Fortpflanzung gehindert oder sogar ausgerottet.

Wildbienen haben, wie schon erwähnt, je nach Art unterschiedliche Nistweisen: Viele Arten bauen ihre Brutzellen nicht selbst, sondern suchen sich Hohlräume wie Mauerritzen oder Löcher im Holz. Dabei machen die Bienen keinen Unterschied, ob es sich um natürliche Hohlräume handelt oder ob diese etwa von holzfressenden Insekten oder von anderen Wildbienen in den Jahren zuvor angelegt wurden. Wieder andere Wildbienen suchen sich zur Eiablage Löcher im Verputz der Hauswände oder Schilfhalme in Reetdächern. Einige Wildbienenarten sind allerdings auf ganz bestimmte Behausungen spezialisiert und ziehen nur Nachkommen auf, wenn sie ihre arttypischen «Räumlichkeiten» gefunden haben, wie etwa manche Arten der Mauerbienen, die ihre Brutzellen nur in leeren Schneckenhäusern anlegen können.

Wieder andere Wildbienenarten bauen, bohren, graben und nagen sich die Hohlräume für ihre Brutzellen selbst und ganz allein. Dabei werden, je nach Art, Pflanzenstengel oder Holz angebohrt oder tiefe Gänge in Sandböden gegraben.

Viele Bienen polstern ihre Nester mit winzigen Holzspänen, mit Tierhaaren oder Pflanzenhälmchen aus, und sie tun sich immer schwerer, dafür genügend Material zu sammeln. Früher fanden die Wildbienen eher altes Holz oder lockere Sandböden. Doch heute sind unsere Gärten aufgeräumt und ausgeputzt, auch Löcher und Ritzen im Mauerwerk gehören der Vergangenheit an, denn heute ist der Verputz unserer Häuser und Mauern dank neuer Materialien und verbesserter Techniken nahtlos und schön, und wir sind stolz darauf. Doch wer einmal eine Hummel beobachten konnte, wie sie stundenlang eine Hauswand mühsam Zentimeter um Zentimeter nach einer winzigen Öffnung im Verputz absuchte, der versteht, wie schwer es Wildbienen in unserer hygienischen und perfekten Umgebung haben.

Um den Wildbienen zu helfen, kann man ihnen allerdings gezielt Nistmöglichkeiten schaffen. Aber natürlich muß auch das Nahrungsangebot vielfältig und reichhaltig sein, um das Überleben zu sichern. Wichtig wäre hier in erster Linie, auf den Zierrasen zu verzichten und statt dessen eine bunte Blumenwiese einzusäen. Und auch heimische Obstbäume im Garten nützen den Wildbienen wesentlich mehr als exotische Ziersträucher.

Den Bienenarten, die an ganz bestimmte Nistplätze oder Futterpflanzen gebunden sind, kann allerdings auch damit nicht geholfen werden. Sie können nur in ihren natürlichen Biotopen überleben. Deshalb muß versucht werden, ihnen diese Biotope auf jeden Fall zu erhalten. Sind die Lebensräume der empfindlichen und anspruchsvollen Arten erst einmal zerstört, nützt späte Einsicht und der Aufbau eines ähnlichen neuen Biotops an anderer Stelle nichts mehr, wenn die Bienenart ausgestorben ist. Die Zerstörung von Nistplätzen und Nahrungsquellen ist daher auch die Hauptursache für den drastischen Rückgang der Wildbienen. Schuld hat auch hier die intensive Landwirtschaft, die mit Insektiziden angreift, die Lebensmöglichkeiten und Futterpflanzen nimmt durch Einsatz von Herbiziden oder durch frühzeitiges und mehrmaliges Abmähen von Wiesen und Straßenrändern.

Natürlich fallen auch dem steigenden Landverbrauch immer mehr Wildbienenbiotope zum Opfer. Straßen, Siedlungen und Industriegebiete dehnen sich aus und beanspruchen noch mehr Land.

Wegen der fortschreitenden Zerstörung der Biotope gibt es einige Wildbienenarten heute fast nicht mehr, andere wanderten in menschliche Siedlungsbereiche ab. Aber auch dort sind ihre Lebensbedingungen nicht besser: Meist finden die Wildbienen nur sehr schwer Nahrungs- und Nistmöglichkeiten, denn viele Hobbygärtner gehen zu sorglos mit der Giftspritze um, setzen viel zu schnell Insekten- und Unkrautvernichtungsmittel ein – im nachbarschaftlichen Wettkampf um den schönsten Garten. Wobei «schön» meist nichts anderes bedeutet als «steril» und künstlich.

Aber nicht nur Landwirt und Kleingärtner, auch Landschaftsplaner, Gartenarchitekten und Fachleute für öffentliche Anlagen pflegen nicht wildbienengerecht. Da fehlt es an heimischen Gewächsen, und zu jeder Jahreszeit wird gemäht und versucht, die öffentlichen Rasenflächen so monoton, kurzgewachsen und steril wie Golfplätze zu halten.

Dabei könnte man gerade im Siedlungsbereich ohne großen Aufwand die Lebensbedingungen der Wildbienen um einiges verbessern. Dadurch würde nicht nur den Wildbienen, sondern natürlich auch anderen Insekten geholfen.

Unabhängig davon, wo man wohnt, ob man einen Garten hat oder nur einen Balkon, kann man den Wildbienen effektiv helfen, denn jede kleinste Nisthilfe ist schon ein Schritt nach vorne. Und eben weil es kaum mehr Nistmöglichkeiten für Wildbienen gibt, werden sie jedes Angebot schnell annehmen. Dazu kommt, daß Wildbienen sehr ortstreu sind, das heißt, sie bauen meist dort wieder, wo sie geschlüpft sind. Innerhalb weniger Jahre wird man reichhaltig für die Hilfe belohnt.

Die einfachste Nisthilfe für Wildbienen ist ein Stück Bambusrohr mit einigen Millimetern Durchmesser, das man so absägt, daß an seinem hinteren Ende ein Bambus-Knoten stehenbleibt. Am vorderen Ende kratzt man das Mark ein wenig heraus, dann steckt man mehrere dieser Bambusröhrchen in einen Ziegelstein. Eine andere Möglichkeit ist, in ein Stück Holz, das selbstverständlich nicht chemisch behandelt sein darf, Löcher mit einigen Millimeter Durchmesser und bis zu 10 Zentimeter Tiefe zu bohren. Am besten ist, man variiert sowohl Länge als auch Durchmesser der verschiedenen Bohrungen im Holz. Jede Biene kann sich ihren «Lieblingsgang» dann aussuchen. Die Nisthilfen stellt oder hängt man am besten an einen sonnigen Platz. Dasselbe kann man für Mauerbienen auch mit Steinen machen.

Wildbienen, die in markhaltigen Stengeln ihre Brutkammern anlegen, hilft man am besten, indem man Heckenrosen oder Holunderbüsche an den Enden der dürren Zweige abschneidet. Von Gartenfachleuten wird zwar empfohlen, alte Ranken ganz zu entfernen, dann sollte man aber zumindest ein paar der gekappten Äste senkrecht in die Erde stecken, denn auch hier können sich Wildbienen einnisten.

Totes Holz sollte man nicht einfach wegräumen, alte Bäume nicht einfach fällen, sondern einen Baumstumpf oder einen Teil des Baumes stehen lassen, bis er von selbst verrottet oder zerfällt. Morsches Holz sollte mindestens zwei Jahre lagern, ehe man es verbrennt oder sonstwie verarbeitet, damit sich eventuell darin befindliche Maden entwickeln und schlüpfen können. Solche Maßnahmen kommen neben den Wildbienen auch anderen Insekten zugute.

Zu den sogenannten Steilwandbewohnern gehören Wildbienen, die früher an Steilhängen und an steilen Prallhängen von Flüssen vorkamen. Heute suchen sie sich als Ersatz oft auch Steilhänge von Hohlwegen, vor allem in Weinbergen. Aber auch hier gehen die Nistmöglichkeiten mehr und mehr zurück. Deshalb sind einige dieser Arten in menschliche Siedlungen abgewandert, wo sie vor allem in Lehmfugen nisten. Doch die gibt es bei unseren perfekten Neubauten kaum. Die Nöte der Steilwandbewohner könnten gemildert werden, wenn zumindest Gartenmauern oder Steingärten mit Lehm verfugt würden. Das hätte den schönen Effekt, daß sich neben Pelzbienen, Seidenbienen, Maskenbienen und Furchenbienen auch noch die typischen Trockenmauerpflanzen ansiedeln könnten. Die größten Probleme aber haben unter den Wildbienen die im Erdboden nistenden Arten. Denn trockene, sandige, kaum bewachsene sonnige Böschungen findet man heute fast nirgendwo, und Wege und Plätze sind zunehmend gepflastert oder geteert.

Um diesen Bienenarten zu helfen, kann man im Garten wenigstens eine kleine sonnige Stelle mit Lehm, Sand oder Bauaushub anfüllen, so daß eine kleine Böschung entsteht. Auf sandigen Böden genügt es oft schon, wenn man einfach ein ebenes Stückchen Sand für die Wildbienen freiläßt.

Aber nicht nur Solitärbienen, auch staatenbildende Wildbienen, wie etwa die Hummeln, haben immer größere Probleme. Deshalb sind von den 36 Hummelarten, die es im deutschsprachigen Raum gibt, alle gefährdet, einige sogar schon ganz ausgestorben. Der Grad der Gefährdung einer Hummelart hängt von ihrer Spezialisierung und ihren Ansprüchen an die Umwelt ab. Manche Hummeln haben unspezialisierte Biotope wie das offene Feld oder die offene Wiese. Andere sind auf ganz bestimmte Pflanzen und auf ganz bestimmte Standorte fixiert.

Gemeinsam ist allen Hummeln jedoch, daß sie staatenbildende Wildbienen sind. Das heißt, daß jeweils im Frühjahr eine Königin, die begattet überwinterte, einen neuen Staat gründet. Zuvor braucht die Königin allerdings einen artgerechten Nistplatz. Diesen sucht sie, je nach Hummelart, an Böschungen, Hängen, Gemäuern, Gräben und anderen Löchern und Öffnungen, oder auch in der Nähe von Trachtpflanzen, das sind Bäume, Büsche und Taubnesseln. Hat die Hummelkönigin einen geeigneten Nistplatz gefunden, der wärmendes Nistmaterial enthält, wie zum Beispiel das Heu aus verlassenen Mäusenestern, so errichtet sie in der Mitte der Höhle ihre Waben und beginnt, ihre Brut aufzuziehen. Dabei zeigt sich die Königin als sehr vielseitig. Neben dem Sammeln von Nistmaterial und dem Bau des Nestes, muß sie auch Wachs schwitzen können, um daraus kleine Töpfchen zu formen, die als Vorratsbehälter für Pollen und Nektar dienen sollen. Außerdem sammelt sie Pollen und Nektar, um die erste Generation ihrer Brut allein versorgen zu können.

Die erste Hummelgeneration eines Sommers – das sind etwa drei Wochen nach der ersten Eiablage die Arbeiterinnen. Sie fliegen nun aus, sammeln Pollen und Nektar und versorgen die Brut, während die Königin im Nest bleibt und fortan nur noch Eier legt. So wird das Hummelvolk im Laufe eines Sommers immer größer, bis am Sommerende plötzlich andere Nachkommen schlüpfen: Anstatt der ungeschlechtlichen Arbeiterinnen entstehen nun Drohnen und Königinnen. Diese Geschlechtstiere verlassen irgendwann den Stock zur Begattung, und damit haben die Arbeitshummeln ihr Soll erfüllt und sterben allmählich.

So vergeht der Hummelstaat im Herbst wieder, denn überwintern können immer nur einige der begatteten Königinnen, und zwar in geschützten Löchern und Höhlen, die 12 bis 15 Zentimeter tief in der Erde liegen, die sie aber wegen der vielfachen Flächenversiegelung kaum noch finden. Hummelköniginnen, die die kalte Jahreszeit überstehen, werden im kommenden Frühjahr in der Nähe ihres Geburtsortes selbst einen Staat anlegen, wenn sie eine Nistmöglichkeit finden. Tatsächlich jedoch gelingt es aber nur sehr sehr wenigen Königinnen, ihr Volk ohne Zwischenfälle oder Ausfälle durch den Sommer zu bringen. Zunächst sind die Hummelstaaten nicht alle gleich groß, je nach Art schwankt ihre Bewohnerzahl zwischen 100 und 600 Hummeln. Die kleinen Staaten sind dabei natürlich anfälliger gegen Unregelmäßigkeiten. Außerdem spielen Witterungseinflüsse eine Rolle, oder die Königin fällt bei ihren Sammelflügen dem Straßenverkehr oder einem Vogel zum Opfer.

Größer ist die Bedrohung der Hummeln durch den Menschen. Hier gilt für sie dasselbe wie für die anderen Wildbienenarten, wegen der intensivierten Landwirtschaft finden sie nicht genügend Nahrung. Im übrigen haben die Hummeln mit den gleichen Problemen zu kämpfen wie alle anderen Insekten: Das zunehmende Verschütten, Betonieren und Versiegeln von Bodenflächen durch Straßen- und Siedlungsbau, die Uniformierung und Veränderung der Landschaft und Vegetation durch weite Monokulturflächen und natürlich der übermäßige Einsatz von Insektiziden und Herbiziden nimmt ihnen ihre Lebensgrundlage.

Dabei sind Hummeln, wie alle Wildbienen, für den Obst- und Gartenbau außerordentlich wichtig. Sie bestäuben oft sogar effektiver als die Honigbienen, da es unter den Hummeln je nach Art kurz- und langrüsselige Tiere gibt, wodurch gesichert ist, daß jede Blütenform bestäubt werden kann. Besonders die Pollen von Rotklee, Ackerbohnen, Wicken und Erbsen erreichen Hummeln mit ihren Saugrüsseln besser als die anderer Bienenarten. Deshalb sind sie für diese Pflanzen lebenswichtig.

Hummeln zu schützen, bedeutet in der Hauptsache, ihnen ein reichhaltiges Nahrungsangebot zu bieten. Dazu sind die «schönen» Gärten von heute nicht so sehr geeignet, denn in ihnen fehlen Wildpflanzen, wichtigste Nahrungsgrundlagen der Hummeln und aller anderen Wildbienen. Sogenanntes «Ödland», Unkraut und verwachsene Pfade sind wichtige Rückzugsbiotope für Wildbienen. Mit unserem «Schönheitsbewußtsein» für Gärten läßt sich dies jedoch nur schwer oder gar nicht vereinbaren. Ganz allmählich setzt sich in letzter Zeit eine Entwicklung zum Naturgarten durch. Hier gibt der Trend einen Anlaß zu vernünftigem Handeln, leider kaum die Einsicht.

Wer seinen Garten natürlich gestaltet mit einheimischen Gewächsen und einer üppigen natürlichen Blumenwiese, der sollte allerdings auch dann erst mähen, wenn die meisten Pflanzen ihre Blüten- und Samenbildung abgeschlossen haben. So finden die Wildbienen Nahrung und außerdem ist gewährleistet, daß die Wiese auch im Folgejahr wieder eine vielfältige Blütenpracht hervorbringt. Typische Wiesenkräuter sind, um nur einige zu nennen: Hornklee, Rotklee, Zaunwicke, Ehrenpreis, Löwenzahn, Salbei, Skabiose, Hahnenfuß und Glockenblume.

Man kann noch mehr tun, um den Wildbienen zu helfen. Besonders in kalten Sommern ist das Zufüttern mit Zuckerwasser sinnvoll, das man in einem Schälchen in der Nähe eines Hummelnestes aufstellt. Für Hummeln gibt es sogenannte Hummelnistkästen. Damit besteht sogar die Möglichkeit, ganze Hummelnester in diese Kästen umzuquartieren. Da die Hummeln unter Naturschutz stehen, ist dies jedoch nur gestattet, wenn erwiesen ist, daß das Hummelnest an seinem natürlichen Standort gefährdet ist. Das Ein- und Umquartieren von Hummeln in Hummelnistkästen muß allerdings nach ganz bestimmten Regeln verlaufen, die hier aufzuzählen zu weit führen würde.

Bemühungen zum Schutz der Wildbienen wurden auch schon von staatlicher Seite unternommen: So ist das Abflämmen von Gras auf Wiesen, an Böschungen, Gräben, Straßen- und Wegrändern ganzjährig verboten. Außerdem besteht seit 19. Dezember 1972 die sogenannte «Bienenschutzverordnung», in der unter anderem auch untersagt wird, Insektizide in offene Blüten zu spritzen. Doch natürlich fehlt es hier an ausreichenden Kontrollen, und eine Regelung für ein Verbot des mehrmaligen Abmähens von Wiesen und den günstigsten Zeitpunkt dafür gibt es nicht. Außerdem ist die Bienenschutzverordnung viel zu wenig bekannt, und es ist wie bei vielen Naturschutzverordnungen fraglich, ob hier nicht einmal mehr eine Verordnung mit «Alibifunktion» geschaffen wurde.

In einigen Bundesländern sollen jetzt allerdings zum Schutz der Akkerwildflora Fördermittel bereitgestellt werden. Dafür wird von den Landwirten erwartet, daß sie die Düngung einschränken, auf Pflanzenschutzmittel verzichten und nicht mehr versuchen, ihre Äcker bis über die Randstreifen hinaus Stück für Stück zu «erweitern».

Denn immer mehr werden Straßenränder, Böschungen und Feldränder ganz «zufällig» gespritzt, gedüngt, abgemäht und abgeflämmt, bis sie zu Grünstreifen verkommen und schließlich ganz unmerklich in bestehende Felder miteingegliedert werden. Aber gerade naturbelassene Böschungen und Randstreifen sind in unserer monotonen Kulturlandschaft oft die letzten Rückzugsbiotope und deshalb für Wildbienen unersetzlich. Und was für den Landwirt ein einmaliges kurzes, gedankenloses Spritzen mit Herbiziden ist, bedeutet für die Wildbienen den plötzlichen völligen Verlust ihrer Nahrungsgrundlagen und unter Umständen den Zusammenbruch ganzer Bienenpopulationen.

Die schwarzgelben Killer

Den Hornissen sagt man nach, sie töteten Menschen und auch Pferde mit nur wenigen Stichen. Dabei sind die als gnadenlose Killer verschrienen Insekten ebenso harmlos oder gefährlich wie Hummeln und Bienen, dafür aber um so wichtiger für den Kreislauf der Natur.

Wie alle Tiere, die uns keinen umittelbaren Nutzen bringen, schätzen wir auch die Hornissen nicht besonders. Doch nicht die Hornissen sind die Feinde des Menschen, sondern es ist wieder einmal umgekehrt: Der Mensch zerstört Hornissenvölker, räuchert sie aus, verbrennt, spritzt und tötet durch fortschreitende Lebensraumzerstörung.

Deshalb gibt es heute Populationen dieses größten staatenbildenden Insektes in Europa nur noch in isolierten Biotopen in Süd- und Norddeutschland. In der Bundesartenschutzverordnung zählt die Hornisse deshalb zu den besonders geschützten Tieren. Das Töten von Hornissen ist demnach gesetzlich verboten. Doch, wer weiß das schon und wer kümmert sich schon darum, wenn er sich vor Hornissen fürchtet!

Der bevorzugte Aufenthaltsort von Hornissen sind warme, trockene Laubmischwälder, wo sie in hohlen Bäumen oder alten Spechthöhlen nisten. Häufig kommen Hornissen auch in den menschlichen Siedlungsbereich, sie beziehen Obstbäume, Scheunen oder Dachböden.

Generell gilt die Hornisse bei uns als gefährlicher Schädling. Sie ist ein sogenanntes Raubinsekt, und man kann ihre Stellung unter den Insekten etwa mit der eines Greifvogels unter den Vögeln vergleichen, aber überwiegend ernährt sie sich von Baum- und Obstsäften und von Nektar. Tierisches Eiweiß braucht sie vor allem zur Aufzucht der Larven. Hierbei ist die Hornisse für den Menschen eher nützlich, denn sie fängt und tötet unter anderem auch Insekten wie Bremsen, Fliegen und Wespen, die im Sommer meist recht lästig sind, und verfüttert diese an ihre Brut. Außerdem gehören auch «Schadinsekten» wie Fliegen oder Forstschädlinge wie etwa die Raupe des Eichenwicklers zu ihren Beutetieren. Die Hornissen nützen uns also mehr, als sie uns schaden. Daneben bestäuben sie auf der Suche nach Nektar auch Blüten und haben so etwa denselben Stellenwert wie Bienen und Wildbienen.

In der Forstliteratur wurde die Hornisse jedoch immer als Schädling bezeichnet. Sie schält nämlich auch die dünne Rinde an jungen Laubbäumen ab, um den Saftstrom im Innern des Sprosses anzapfen zu können.

Aber damit nicht genug. Auch die Obstbauern sahen in der Hornisse einen Schädling, da man sie im Herbst auch an Obst findet. Im Vergleich zu anderen Insekten ist jedoch die Anzahl der Hornissen an Obstbäumen verschwindend gering. Dennoch bestätigen solche Einzelfälle die Voreingenommenheit gegenüber einem im übrigen nützlichen Insekt. Dies betrifft auch Klagen von Imkern und Vogelschützern, die dabei ganz außer acht lassen, in welchem Verhältnis der von der Hornisse angerichtete «Schaden» zum Naturkreislauf steht.

Auch die Geschichte, daß Hornissen Menschen und Tiere mutwillig angreifen und mit wenigen Stichen schon töten würden, stimmt so nicht, denn das Gift der Hornissen ist genauso wenig toxisch wie das der Honigbienen. Natürlich gibt es Allergiker, die bereits durch einen Stich in Lebensgefahr geraten können, doch sie bilden eine Ausnahme. Für sie ist es auch lebensgefährlich, wenn sie von einer Biene oder einer Schnake gestochen werden. – Ein Beispiel im folgenden möge außerdem die Mär von den lebensgefährlichen Hornissenstichen widerlegen.

Wir kennen einen Mann, der nach dem Umquartieren eines Hornissenvolkes von 11 Hornissen zugleich gestochen wurde, als er sich ohne Schutzkleidung nochmals am Hornissenkasten zu schaffen machte. Er überstand die Stiche problemlos. In diesem Fall griffen die Hornissen nur an und stachen, weil durch die Umquartierung ihr ganzes Volk angegriffen worden war. Sie sahen sich also einer unmittelbaren Gefahr ausgesetzt. Leider tun wir immer so, als seien diese Reaktionen der Hornissen auf Ausnahmezustände der Normalfall. Alle staatenbildenden Insekten reagieren aber mit Angriffen, wenn man ihrem Staat zu nahe kommt, und das ist nur natürlich und sinnvoll. Störungen sind etwa, wenn man im Nest stochert, die Waben erschüttert oder sich nahe am Nest zu hektisch bewegt.

Außerhalb des Nestes sind Hornissen auf Nahrungssuche oder beim Sammeln von Baumaterial niemals angriffslustig. Der drastische Rückgang der Hornissen liegt also in erster Linie an der direkten Verfolgung durch den Menschen. Richtige Aufklärung über das Verhalten der Hornissen erscheint uns deshalb dringend notwendig.

Ein Hornissenstaat besteht nur etwa von Mitte Mai bis in den Oktober. Auffällig werden die Hornissen meist erst im Herbst, wenn der Staat seine höchste Mitgliederzahl erreicht hat und vor dem natürlichen Absterben steht. Duldet man die Hornissen noch einige Wochen nach ihrer Entdeckung, sind aufwendige Vernichtungsaktionen und ein Eingriff in die Natur überflüssig. Grundsätzlich sind Hornissen ebenso schützenswert wie alle anderen Insekten; die aus Voreingenommenheit mutwillige Vernichtung dieser Tiere sollte es heute nicht mehr geben!

Anmutig und schön – Die Schmetterlinge

Schmetterlinge sind anmutige, zierliche, buntschillernde und vor allem völlig harmlose Lebewesen. Jeder von uns kennt wahrscheinlich nur einige von ihnen, tatsächlich sind bis heute jedoch weltweit etwa 100000 Arten bekannt. Im Laufe ihrer langen Entwicklungsgeschichte kamen die wehrlosen Falter zu einer enormen Vielfalt an Größe, Farben und Formen. Dennoch ist es heute auch um sie schlecht bestellt, und ihr Bestand geht ständig zurück. Bei uns kommen etwa 3000 Schmetterlingsarten vor, davon zählen etwa 1300 zu den Großschmetterlingen. Von diesen sind bereits 28 Arten ausgestorben oder verschollen, und 507 Arten, also fast 40%, sind gefährdet.

Ein erschreckendes Resümee also und Anlaß genug, alle 28 ausgestorbenen Schmetterlingsarten hier noch einmal zu nennen: Brombeer-Perlmuttfalter, Moor-Wiesenvögelchen, Englischer Bär, Fleckenbär, Eichenwollafter, Ulmenspinner, Frankfurter Ringelspinner, Wasserminzen-Kleinbärchen, Rostspinner, Fichtensprozessionsspinner, Jura-Widderchen, Bruchweidenkarmin, Königskerzen-Braunmönch, Schwärzliche Erdeule, Dunkelgraue Eicheneule, Zweifleckige Plumpeule, Steppenheiden-Spannereule, Rittersporneule, Glanz-Zimteule, Pfaffenhütchen-Wellrandspanner, Kamillen-Blütenspanner, Bärentrauben-Bänderspanner, Beifuß-Bänderspanner, Kreuzdorn-Großspanner, Ampfer-Kleinspanner, Ginsterheiden-Wellenstriemenspanner, Heidekraut-Braunstreifenspanner.

Natürlich ist es auch um den Bestand der übrigen Schmetterlinge schlecht bestellt. Steter Landschaftsverbrauch, fortschreitende Zerstörung naturnaher Landschaften und verstärkter Biozideinsatz machen es den Schmetterlingen immer schwerer, eine Überlebensnische zu finden.

Genau 200 Tagfalterarten findet man in der Bundesrepublik Deutschland, und davon ist schon die Hälfte gefährdet. Viele Arten, die früher häufig zu finden waren, sind heute selten zu entdecken, dazu gehören der Schwalbenschwanz, der Aurora, der Apollo, der Trauermantel oder der Feuerfalter.

Weißlinge dagegen sieht man noch relativ häufig, ihr Bestand ist, mit Ausnahme des Baumweißlings, auch noch nicht gefährdet, denn Kohlweißlinge zählen zu den Ubiquisten, das sind Arten, die eine große ökologische Anpassungsfähigkeit haben und deshalb keinen besonderen Lebensraum beanspruchen. Sie meiden zwar geschlossene Waldstücke und blütenleere Wiesen und Felder, treten aber an allen möglichen Stellen auf, wo reichlich Blumen blühen.

Die meisten Schmetterlinge sind ganz bestimmte Biotope gebunden und sterben deshalb durch die Zerstörung ihres Biotops aus, wie zum Beispiel der Apollo. Er und zehn andere Schmetterlingsarten leben in Berglagen bis zu etwa 1800 Meter Höhe. Außerdem gibt es sogar noch etwa zwei Dutzend alpine Arten, deren Lebensraum bis an die Schneegrenze reicht. Ebenfalls ungefähr zwei Dutzend Schmetterlingsarten bewohnen Übergangsbereiche zwischen Wald und offenem Gelände. Von den 13 Arten, die überwiegend in Feuchtgebieten vorkommen, sind bereits zwei Drittel gefährdet, und von den 20 Arten, die in mittelfeuchten Wäldern leben, ist schon mehr als die Hälfte bedroht. Noch schlimmer sieht es für die Bewohner der Hoch- und Flachmoore aus. Die hier lebenden zwölf Arten sind alle gefährdet. Von den ungefähr 20 Falterarten, die man an trockenwarmen Südhängen, etwa in Weinbergen, findet, sind fast alle bedroht, so auch der Osterluzeifalter, um nur ein Beispiel zu nennen.

Zahlenmäßig am meisten vom Aussterben bedroht sind die 40 Arten, die blütenreiche Trockenrasengebiete bewohnen, denn außer zwei Arten sind hier alle gefährdet. Wo früher auf mageren Wiesen die typische Trockenrasenvegetation entstehen konnte, dominiert heute Ackerbau, und direkt an Heideflächen wird Mais angebaut.

Natürlich lassen sich die verschiedenen Schmetterlingsbiotope nicht streng abgrenzen, und es gibt Überschneidungen der einzelnen Populationen. Besonders verhängnisvoll für die Schmetterlinge ist aber, daß sie durch Biotopzerstörung doppelt gefährdet sind, da sie im Lauf ihres Daseins zwei völlig verschiedene Lebensräume bewohnen. Im Raupenstadium sind sie meist von ganz bestimmten Futterpflanzen abhängig. Als Falter ernähren sie sich von Nektar, den sie mit ihrem Saugrüssel aus verschiedenen Blüten aufnehmen. So können die Lebensräume einer Schmetterlingsart und ihrer Raupen bis zu mehreren Kilometern auseinanderliegen. Oft sind die Schmetterlingsraupen so auf ihre Futterpflanzen fixiert, daß sie eher verhungern, als sich von anderen Pflanzen zu ernähren. So frißt die Raupe des Wolfsmilchschwärmers zum Beispiel ausschließlich Blätter von Wolfsmilchgewächsen.

Auch die Art und Weise, wie die Raupen ihre Futterpflanze angehen, ist unterschiedlich. Manche verbergen sich einzeln in den Blättern ihrer Futterpflanzen, die sie mit Gespinstfäden zusammenrollen, andere dagegen leben gesellig im Schutz von großen Gespinsten, die sie nur gemeinsam zur Nahrungsaufnahme verlassen. Kohlweißlingsraupen können zuweilen in großer Zahl auftreten und dann schon mal Schaden an Kohlpflanzen anrichten.

Wichtige Futterpflanzen für die Raupen mehrerer Falterarten sind die Brennesseln. Die Raupen des Tagpfauenauges ernähren sich fast nur

Die Hälfte unserer Schmetterlinge sind ausgestorben, vom Aussterben bedroht oder gefährdet. Dazu gehört auch der Schwalbenschwanz, einer unserer schönsten Tagfalter.

von Brennesseln, ebenso die des Distel- und des C-Falters. Die Raupen des Kleinen Fuchses, des Landkärtchens und des Admirals sind ausschließlich auf Brennesseln angewiesen.

Die Raupen des Admirals leben einzeln an Brennesseln, während die des Tagpfauenauges und des Kleinen Fuchses in ganzen Kolonien auftreten. Sie bleiben jeweils so lange an einer Brennessel, bis diese völlig kahlgefressen ist, dann wandern sie zur nächsten Futterpflanze. Das Abmähen von Brennesseln oder ihre Bekämpfung mit Unkrautvernichtern hat für die Raupen fast immer tödliche Folgen, da sie ohne Nahrung nicht lange überleben können.

Ein reichliches Raupenvorkommen bietet keine Garantie dafür, daß aus all diesen Raupen auch Schmetterlinge werden. Denn selbstverständlich haben Schmetterlingsraupen auch tödliche tierische Feinde wie Schlupfwespen oder Raupenfliegen, die ihre Eier entweder direkt in den Raupenkörper, auf die Außenhaut der Raupe oder auf die Futter-

Die Raupe des Schwalbenschwanzes hat sich – wie die meisten Raupen – auf bestimmte Futterpflanzen spezialisiert. Sie ernährt sich von den Blättern der wilden Möhre, von Dill und verwandten Doldenblütlern, ersatzweise auch vom Kraut der Karotte.

Gürtelpuppe des Schwalbenschwanzes. Vor dem Verpuppen spinnt die Raupe mehrere Gespinstfäden zu einer Schlinge, mit der sie sich an einem Pflanzenstengel festmacht. Aus dem scheinbar leblosen Gebilde schlüpft im Frühjahr der fertige Falter.

pflanze legen. Von der Futterpflanze werden die Parasiteneier dann von der Raupe aufgenommen.

Schlüpfen aus den Parasiteneiern die Larven, beginnen sie, die Wirtsraupe von innen aufzufressen, wobei sie nach einem raffinierten System vorgehen. Sie fressen zunächst nur die nicht lebenswichtigen Organe ihres Wirts, so daß dieser erst stirbt, wenn die ausgewachsenen Larven den Raupenkörper verlassen. Kohlweißlingsraupen haben zum Beispiel ihren ganz «persönlichen» Parasiten, den sogenannten Weißlingstöter, der zur Familie der Brackwespen gehört.

Natürlich lauern in den Biotopen der Schmetterlingsraupen noch andere Feinde, wie etwa verschiedene Wanzenarten. Die Wanze preßt eine giftige Flüssigkeit in den Körper ihres Opfers und tötet es. Danach spritzt sie eine Verdünnungssubstanz in die Beute, die deren Gewebe zu einer

Der Apollo ist vom Aussterben bedroht. Er benötigt trockenwarme, steinige Hänge, wo seine Raupenfutterpflanze wächst, die weiße Fetthenne. Größe, Anzahl und Farben der Augenflecke variieren beim Apollo.

breiigen Masse auflöst und von der Wanze aufgesaugt werden kann. Auch Spinnennetze können für die Raupen zu tödlichen Fallen werden.

Zieht man also in Betracht, welch hohe Zahl von Schmetterlingen schon im Raupenstadium den verschiedensten natürlichen Feinden zum Opfer fällt, wird klar, daß nur ein geringer Prozentsatz überhaupt das Falterstadium erreichen kann.

Die Natur hat für diesen Fall wieder vorgesorgt – ein Falterweibchen kann deshalb mehrere hundert Eier ablegen. Was die Natur allerdings nicht bedacht hat, ist der störende Faktor Mensch, der durch den Einsatz von Herbiziden und Insektiziden die Nahrungsgrundlage der Falter oder Raupen totspritzt.

Wo früher artenreiche Blumenwiesen blühten, stinkt es heute buchstäblich zum Himmel. Intensive Stickstoffdüngung der Wiesen, besonders durch Jauche oder Mineraldünger, läßt die eingesäten Hochzuchtfuttergräser schneller wachsen. Die artenreichen Pflanzengesellschaften und damit die Futterpflanzen vieler Schmetterlinge und Raupen wurden durch die übertriebene Stickstoffdüngung verdrängt, und so entstanden eintönige, schmetterlingsfeindliche Grünlandflächen. Selbst dort, wo auf den monotonen Wiesen vereinzelt noch Raupenfutterpflanzen wachsen, sind sie durch die Überdüngung in ihrer Struktur oft derart verändert, daß sie für Raupen nicht mehr freßbar oder gar giftig sind, was durch einen Zuchtversuch erwiesen wurde. Alle Raupen, die Futterpflanzen von stark gedüngten Wiesen fraßen, verendeten innerhalb weniger Stunden. Durch den heute frühen und häufigen Grasschnitt sowie den Einsatz moderner Kreiselmäher werden alle Wiesen innerhalb weniger Tage abgemäht und so die ohnehin wenigen Blüten vernichtet, noch ehe die Flugzeit der meisten Falter beginnt.

Rund 36000 Tonnen chemischer Biozide werden jährlich allein in der Bundesrepublik auf land- und forstwirtschaftlich genutzte Flächen ausgebracht. Für die Schmetterlinge hat das auch noch andere schädliche Folgen: Sie werden unmittelbar vergiftet, oder sie nehmen die Gifte mit der Nahrung auf, und dies wirkt selbstverständlich ab einer gewissen Dosierung tödlich. Betroffen davon sind auch viele wärmeliebende Schmetterlinge in den Südhanglagen der Weinberge. Gerade dort werden jährlich hohe Giftmengen, bis zu 10 Gramm pro Quadratmeter, auf die Rebflächen ausgebracht und lassen den Schmetterlingen auch hier keine Überlebenschance mehr.

Ähnlich ist auch die Situation beim Obstbau. Bunt gemischte, extensive Streuobstbestände sind Obstbaum-Monokulturen gewichen. Dieser intensive Obstanbau geschieht natürlich mit entsprechenden Mengen an Dünger und Unkrautvernichtungsmitteln. Intensivobstkulturen werden bis zu zwanzigmal pro Jahr gespritzt und scheiden deshalb als Lebensraum für Falter und Raupen, aber auch für fast alle anderen Lebewesen heute aus.

Auch die Flurbereinigung hat großen Anteil am Rückgang vieler Schmetterlingsarten, denn meist wird die Landschaft zwar «bereinigt», wird dadurch menschenfreundlicher, aber gleichzeitig auch umweltfeindlicher. Im Zuge der Flurbereinigung werden noch immer zahlreiche Feuchtgebiete trockengelegt, Bäche eingedohlt, Ödlandflächen und Hecken beseitigt, Feldwege asphaltiert und dabei wertvolle Biotope zerstört. Durch Rebflurbereinigung werden auch an den Berghängen oft bis zu zwei Drittel der ökologisch wertvollen Flächen vernichtet. Die ursprünglich kleinen, der gewachsenen Landschaft angepaßten Weinberge mußten großen, maschinell zu bearbeitenden Rebflächen weichen. Ein trauriges Beispiel gibt dazu die Landschaft im Kaiserstuhl. Aber auch stetig zunehmender Landverbrauch für Straßen, Industrieanlagen und Wohnsiedlungen vernichtet, verkleinert oder zerschneidet

Der Wolfsmilchschwärmer gehört zu den Nachtfaltern. Seine Raupen ernähren sich ausschließlich von den Blättern der Wolfsmilchgewächse.

den Lebensraum der Schmetterlinge und errichtet Barrieren zwischen Raupen – und Falterbiotopen.

So sind dann schließlich Ödlandflächen entlang von Straßen oder Bahndämmen häufig die letzten Nischen, in denen verschiedene Nahrungspflanzen für Raupen und Schmetterlinge gedeihen können. Viele ökologisch wertvolle Flächen, wie Senken und Gruben, in denen sich oft Restbestände seltener Pflanzengestalten halten konnten, werden illegal aufgefüllt und somit zerstört. Bessere Kontrollen, schärfere Gesetze und vor allem striktere Bestrafung von Umweltsündern könnten hier bestimmt schneller Abhilfe schaffen.

Auch Fang und gewerblicher Handel mit Schmetterlingen setzte ihren Beständen in der Vergangenheit schwer zu. So sind heute viele Schmetterlingsarten bereits verschwunden oder nur noch sehr selten anzutreffen. Dies muß als Warnsignal für die negative Veränderung der natürlichen Lebensräume angesehen werden. Einige wenige anspruchslose oder anpassungsfähige Arten werden wohl auch in nächster Zukunft überleben können.

Viele Falter überwintern und suchen sich deshalb im Herbst geschützte Plätze, wie etwa der Kleine Fuchs und das Tagpfauenauge, zum Beispiel auf Dachböden oder in Kellerräumen. Um das Überleben ihrer Art zu sichern, können Schmetterlinge allerdings auch in anderen Stadien überwintern: als Eier, Raupen oder Sturzpuppen, als Gürtelpuppen wie der Schwalbenschwanz oder als kokongeschützte Puppe wie das Kleine Nachtpfauenauge.

Trotz offiziellen Verbots ist aber noch immer die Vernichtung vieler Kleinlebewesen durch Abflämmen kaum einzudämmen. Auch bei den gutgemeinten Maßnahmen zur Heidepflege im Herbst und Winter fallen viele überwinternde Schmetterlingspuppen und unzählige andere Insekten den Flammen zum Opfer.

Der Schutz der gefährdeten Arten nur auf dem Papier hilft wenig, wie auch nur wenig das Privatengagement. Denn was nützt es, wenn von Naturschützern *ein* Lebensraum erhalten wird, gleichzeitig aber zehn andere Biotope still für immer verschwinden. Schmetterlingsbestände können nur gesichert werden, wenn gesetzliche Naturschutzrichtlinien und entsprechend gezielte, wissenschaftlich fundierte Landschaftsentwicklung es zusammen möglich machen, Lebensräume langfristig und wirkungsvoll zu schützen und zu erhalten.

Natürlich gibt es kein Patentrezept zur Rettung der Schmetterlinge. Man sollte aber in der Land- und Forstwirtschaft endlich die umweltbedrohenden Giftabgaben drastisch senken und die übermäßige Düngung auf ein erträgliches Maß reduzieren. Das gilt nicht nur für den Erhalt und Schutz von Schmetterlingen, sondern für alle anderen Lebewesen auch, und es kann nicht oft genug unterstrichen werden. Mit dem Aussterben der Schmetterlinge würde nicht nur ein nützliches Insekt für immer verschwunden sein, sondern unsere Umwelt würde noch ein bißchen farbloser und trister sein.

Drachenfliegen und Libellen

Libellen gibt es seit etwa 200 Millionen Jahren. Sie haben es in diesem Zeitraum auf eine beinahe unendliche Vielzahl von Arten gebracht. Das größte überhaupt bekannte Insekt war die fossile *Meganeura monyi*, eine Libelle, die bis zu 70 Zentimeter Flügelspannweite erreichte. Auch heute noch gehören die etwa 8000 Libellenarten der Erde zu den größten Insekten. In der Bundesrepublik Deutschland und in der Schweiz kennt man etwa 80 verschiedene Libellen, wobei man grundsätzlich zwei Arten unterscheiden muß: die Großlibellen, die mit ihren robusten gedrungenen Körpern ungeheuer schnelle Flieger sind, und die schlankeren, zierlicheren Kleinlibellen.

Besonders die Großlibellen sind vollendete Luftakrobaten. Im Suchflug schweben sie ruhig und gelassen, verharren auf der Stelle am Ufer eines Weihers, um sich dann schnell auf eine erspähte Beute herabzustürzen. Sie haben eine ungeheure Flugausdauer, die es ihnen ermöglicht, sich den ganzen Tag über ununterbrochen in der Luft zu halten, und können sogar kurze Stücke rückwärts fliegen.

Die weitaus längste Zeit ihres Lebens verbringen die Libellen allerdings nicht in der Luft, sondern als räuberische, unscheinbare Larven im Wasser. Wenn sie ausgewachsen sind, kommen sie aus dem Wasser und verwandeln sich in wenigen Stunden in farbenprächtige Landinsekten mit vier großen Flügeln. Auch die ausgewachsenen Libellen sind Räuber. Sie ernähren sich vor allem von anderen Insekten wie Fliegen, Bremsen, Mücken und Schmetterlingen, die sie im Flug fangen. Manche Arten weiden auch regelrecht Pflanzen nach Blattläusen ab. Da sie viele Insekten fangen, die wir als schädlich oder lästig ansehen, sind sie uns sehr nützlich. Als Räuber oder Jäger haben Libellen ausgesprochen kräftige Kiefer. Das alte Märchen, Libellen hätten angeblich einen Giftstachel und würden Menschen angreifen, sorgte leider viele Jahre dafür, daß Libellen von Menschen gefangen und getötet wurden. Libellen haben weder einen Giftstachel, noch greifen sie Menschen an – wenngleich sie durch ihre beeindruckende Gestalt und Größe, durch ihren seltsam anmutenden, schnellen, schwankenden Flug, auf viele Menschen bedrohlich wirken. Daher rührt wohl auch der englische Name «dragon-fly», Drachenfliege. Libellen stechen aber nicht, sie wehren sich höchstens durch kräftige Bisse, wenn man sie festhält oder fangen will.

Heute droht den Libellen nicht mehr die direkte Verfolgung, weil man sie für gefährlich hält, sondern heute werden die Lebensräume der Libellen wie die aller anderen Insekten zerstört.

Libellen sind wie die Schmetterlinge doppelt von der allmählichen Biotopzerstörung betroffen, da auch sie im Laufe ihres Lebens zwei völlig unterschiedliche Lebensräume beanspruchen – einmal als Larve das Wasser und später dann das Land. Kein Wunder also, wenn inzwischen viele Libellenarten ausgestorben oder verschollen sind: Sibirische Azurjungfer, Asiatische Keiljungfer, Gelbe Keiljungfer und Große Zangenlibelle. Vom Aussterben bedroht sind Alpen-Mosaikjungfer, Grüne Mosaikjungfer, Hauben-Azurjungfer, Helm-Azurjungfer, Vogel-Azurjungfer, Zweifleck, Gemeine Keiljungfer, Östliche Moosjungfer, Zierliche Moosjungfer und Grüne Keiljungfer. Weitere 29 Libellenarten sind mehr oder weniger stark gefährdet.

Besonders gefährdet sind die etwa 20 Libellenarten, die am fließenden Wasser leben, und die etwa 20 Arten, die an Riedgebiete und Flachmoore gebunden sind, sowie 5 Arten, die im Hochmoor und im Gebirge leben.

In Hochmooren und auf Riedflächen haben die Libellen vor allem unter der Trockenlegung, der Entwässerung und unter dem Torfabbau zu leiden. Hinzu kommt, daß ein einmal zerstörtes Hochmoor nicht wieder neu geschaffen werden kann, da Hochmoore in einem Jahrtausende dauernden Prozeß entstanden sind. Gerade aber die Libellen der Hochmoore sind spezialisiert und fixiert auf ihre Biotope und können deshalb nicht auf andere Biotope ausweichen.

Auch Flachmoore und Seggenriede trocknen mehr und mehr aus, da ihr Grundwasserstand sich durch Dränagen immer mehr absenkt. Das Austrocknen bedeutet für die Libellenlarven, daß sie zusammen mit ihren Gewässerbiotopen zum Vertrocknen verurteilt sind, bevor sie ihre Metamorphose abgeschlossen haben.

Die Libellenlarven jedoch fordern ein intaktes Biotop, das heißt, absolut reines Wasser. Die Larven der überwiegend spezialisierten Libellenarten können sich nur in ganz bestimmten Gewässertypen entwikkeln, wie zum Beispiel in winzigen Quellrinnsalen, in sauberen sandigen Bächen, in flachen Lehmpfützen oder in kaum sichtbaren Torfmoosschlenken. Hinzu kommt, daß viele Libellenlarven mehr als zwei Jahre für ihre Entwicklung im Wasser brauchen. Und hier genügt dann schon ein kleiner einmaliger Eingriff in ein Gewässerbiotop, um die Libellenlarven zu gefährden. Wasserverschmutzung nimmt aber immer mehr zu, ebenso wie der Ausbau von Gewässern, Begradigung und Eindämmung von Flüssen und Bächen, die dadurch eine viel schnellere Fließgeschwindigkeit haben als vorher. Wasserpflanzen können sich deshalb in der viel stärkeren Strömung kaum halten und auch keine anderen Kleintiere, die aber die Nahrung der Libellenlarven sind. So werden auch die Libellenlarven oft einfach mit dem Wasser fortgerissen.

Sind die Libellen erst einmal dem Larvenstadium entwachsen und bis dahin nicht von Vögeln, Fröschen, Fischen oder anderen Räubern gefressen worden, haben sie in ihrem neuen Dasein nur wenige Wochen zu leben: Diese paar Wochen dienen hauptsächlich der Paarung und Eiablage. In der Paarungszeit patroullieren die Männchen in ihren Revieren, die sie gegen Rivalen erbittert verteidigen.

Die Paarung gehört dabei zum Faszinierendsten, was die Insektenwelt zu bieten hat. Das Männchen packt das Weibchen mit den Beinen und umklammert es mit dem Körperende am Kopf oder an der Brust. Dann biegt das Männchen seinen Hinterleib nach vorne um, um sein Begattungsorgan mit Sperma zu füllen. Danach streckt es sich wieder, und nun krümmt und biegt sich das Weibchen, um seinen Hinterleib mit dem männlichen Begattungsorgan zu koppeln. Das Männchen kann dann sein Sperma in die Geschlechtsöffnung des Weibchens pumpen. Diese gekrümmte Haltung, bei der Männchen und Weibchen gleichsam einen Ring bilden, das Paarungsrad, kann man nur bei den Libellen beobachten. Anschließend werden die Eier je nach Art aus der Luft ins Wasser abgeworfen, oder Pflanzenteile werden angestochen und die Eier dort abgelegt.

Der Bestand unserer Libellen hat in den letzten Jahren rapide abgenommen. Neben den Arten, die ganz verschwunden sind, sind einige so gefährdet, daß ihr völliges Verschwinden nur noch eine Frage kurzer Zeit ist. Das deutet wiederum auf den schlechten Zustand unserer Gewässer hin, denn Libellen sind ja in allen möglichen Gewässerbiotopen zu Hause. Wie rasch die Libellen tatsächlich verschwunden sind, läßt sich bisher nicht einmal eindeutig belegen, da Bestandsaufnahmen erst seit wenigen Jahrzehnten gemacht werden und einige Arten wahrscheinlich schon vor dieser Zeit ausgestorben sind.

Zwar macht der Schutz von Feuchtbiotopen ganz allmählich Fortschritte, aber den Libellen drohen noch immer große Gefahren durch Bach- und Flußkorrekturen, die gleichzeitig meist auch Tümpel in Auwäldern und Altwasserläufe von Flüssen zerstören oder austrocknen.

Und wie schon mehrmals erwähnt, werden immer noch Moore und Riedwiesen entwässert, um Hochmoortorf abzubauen oder um Straßen, Sport- und Freizeitanlagen zu bauen. Sand-, Lehm- und Kiesgruben mit Tümpeln und Weihern werden zugeschüttet oder als Mülldeponien entfremdet. Bäche, Flüsse und Seen werden durch Abwässer, Giftstoffe und Überdüngung verschmutzt. Gräben und Kanäle werden im Zuge von «Bachputzeten» maschinell und unsachgemäß zu den oft ungeeignetsten Jahreszeiten ausgeräumt, worunter vor allem die Libellenlarven leiden, die mehrere Jahre im Wasser verbringen. Im Interesse der Angelfreunde werden Teiche und Weiher zu effektiveren Fischgewässern umgewandelt oder Fische, die die Libellenlarven fressen, in bis dahin unberührte Gewässer eingesetzt. Kleine Stehgewässer und Gräben verlanden zunehmend durch die mit Dränagen einhergehende Grundwasserspiegelabsenkung. Außerdem dehnt der erholungssuchende Mensch seine Freizeitgestaltung heute so aus, daß die Rückzugsgebiete für bedrohte Libellen immer mehr bedrängt werden.

Libellen können also nur wirksam geschützt werden, wenn ihre Biotope ungestört erhalten und unsachgemäße Maßnahmen verhindert werden. Deshalb müßten eigentlich alle bestehenden Gewässer unter Schutz gestellt werden. Den Nutzen würden natürlich nicht nur die Libellen, sondern auch zahlreiche Amphibien, Vögel und Wasserpflanzen haben.

Die wichtigste Forderung ist daher, daß endlich die allgemeine Gewässerverschmutzung ein Ende haben muß. Alle unterstützenden Maßnahmen sind bekannt, nur ihre konsequente Verfolgung scheitert häufig noch am Profitstreben und Egoismus. Nicht nur der Mensch sucht und braucht Erholung, ebenso wichtig ist es, das natürliche Gleichgewicht nicht zu stören und der Natur nach jahrelangem Mißbrauch selbst endlich Erholung zu gönnen. Dazu gehört unbedingt auch der Schutz der Libellen, der nur erreicht werden kann, wenn die Biotope in ihrer Gesamtheit geschützt werden!

Der Vernichtung preisgegeben – Die Heuschrecken

Die Heuschrecken gehören zusammen mit ihren nächsten Verwandten, den Schaben, Ohrwürmern und Fangschrecken, zur Gruppe der sogenannten Geradflügler. Man unterteilt sie wiederum in Langfühlerschrecken – das sind Laubheuschrecken und Grillen – und Kurzfühlerschrecken wie Dorn-, Knarr- und Feldheuschrecken. Von diesen sind schon einige Arten ausgestorben, so die Fischers Höckerschrecke, Gebirgsbeißschrecke, Braunfleckige Beißschrecke und die Türkis Dornschrecke. Vom Aussterben bedroht sind eine große Zahl: Östliche Grille, Grüne Strandschrecke, Pallas Höckerschrecke, Italienische Schönschrecke, Westliche Steppensattelschrecke, Heideschrecke, Sumpfgrille und Gemeine Schiefkopfschrecke. Insgesamt kennen wir in unseren Breiten 80 Springschrecken, von denen zusätzlich zu den oben genannten noch weitere 18 Arten gefährdet sind.

Besonders bedroht sind Arten, die in Extrembiotopen heimisch sind und deshalb nicht ohne weiteres auf andere Lebensräume ausweichen können. Extrembiotope wie Steppenheiden und Steppenwald, Sandgebiete oder Feuchtgebiete gibt es bei uns fast kaum noch, oder sie fallen immer mehr landschaftspflegerischen Maßnahmen zum Opfer.

Die größte Gefahr besteht für Ödlandgebiete, die ja zunehmend in die Bodenkultivierung miteinbezogen werden. Alte Sandgruben und Steinbrüche werden in Mülldeponien umgewandelt, so kommt es für immer zur Vernichtung ihrer Fauna und Flora. Gerade Extremstandorte wurden zu Zufluchtsorten für stark angepaßte Tiere, die auf diesen Standort besonders angewiesen waren, weil sie in «normaler» Umgebung, im täglichen Überlebenskampf aller, schnell untergegangen wären. Heute sterben diese Tiere dennoch aus, denn nun, da sie eine streng spezialisierte Lebensweise entwickelt haben, zerstört man ihre Lebensräume.

Durch eintönige Monokulturen, gefördert mit zuviel Chemie, wird sogenanntes «Unkraut» vernichtet, und genügsame Pflanzen wie Trockenrasen- oder Feuchtwiesenpflanzen findet man zunehmend weniger. Damit verlieren pflanzenfressende Insekten ihre Futterpflanzen und die Räuber unter ihnen ihre Beutetiere.

So kennen wir Heuschrecken eigentlich nur als Schädlinge, die kolonienweise über asiatische und afrikanische Felder herfallen. Wirkliche Heuschreckenliebhaber gibt es nur sehr wenige, gebräuchliche Literatur über diese Insekten gibt es kaum. Dabei sind sie äußerst faszinierende Lebewesen, angefangen von ihrer Fähigkeit, riesige Sprünge zu machen, bis hin zu ihren typischen zirpenden Gesängen.

Ihre enorme Sprungfähigkeit verdanken diese Insekten den kräftigen Muskeln an den Oberschenkeln des hinteren Beinpaares. Die Beine der Heuschrecken besitzen eine besondere Konstruktion, anders als die anderer Insekten. So liegen zum Beispiel bei den Langfühlerschrecken auch die Hörorgane an den Beinen, und zwar an den Vorderbeinen hinter dem Kniegelenk. Die Feldheuschrecken, Ödlandschrecken und Sumpfschrecken sowie die gemeine Eichenschrecke erzeugen das typische Zirpen mit den Füßen. Dabei streichen sie auf unterschiedliche Weise je nach Art mit den bei manchen sogar mit einer gezähnten Leiste versehenen Hinterschenkeln über den vorstehenden Radius des Vorderflügels. Daneben gibt es auch Arten, die nur beide Flügel gegeneinanderreiben und so ihre zirpenden Gesänge erzeugen. Verschieden wie die Art der Erzeugung ist auch das Spektrum der Laute. Keine Insektengruppe kann derartig viele unterschiedliche Töne und Gesänge von so unterschiedlicher Struktur hervorbringen.

Nicht alle Heuschrecken können fliegen, bei vielen sind die Flügel zurückgebildet; außerdem haben andere ihre Hörorgane nicht in den Beinen, sondern im hinteren Körperteil.

Ebenso unterschiedlich wie die einzelnen Heuschreckenarten sind auch ihre Ansprüche an ihre Lebensräume. Manche Arten finden sich in allen möglichen Bereichen zurecht, andere aber können nur in speziellen Biotopen, an die sie entsprechend höchste Anforderungen stellen, leben. Schon bei der geringsten Abweichung oder Veränderung des Lebensraumes von seinen natürlichen Gegebenheiten können sie dort

Die Blauflügelige und die Rotflügelige Ödlandschrecke sind auf vegetationsarme Südhänge mit steinigem oder felsigem Untergrund spezialisiert. Ihre Farben variieren, je nach dem Untergrund, auf dem sie sich entwickelt haben. Ihre blauen bzw. roten Hinterflügel sind nur im Flug sichtbar.

nicht mehr existieren. Dies trifft zum Beispiel auf Heuschrecken zu, die in den Kiesbänken der Alpenflüsse leben. Solche Arten sind deshalb sehr genaue Indikatoren für Umweltveränderungen, die vielleicht dem oberflächlichen Betrachter gar nicht auffallen.

Ursprünglich stammen die Heuschrecken aus dem Mittelmeerraum. Die meisten sind deshalb auf eine bestimmte Temperatur angewiesen und bevorzugen trockene, warme Bereiche wie Trockenrasengebiete oder sonnige Waldränder. Andere können sich aus demselben Grund nur in Gebäuden halten, wie zum Beispiel das Heimchen. Daneben gibt es aber Heuschrecken, die sich schon längst an unsere kühleren Gefilde angepaßt haben, oder solche, die nur im Gebirge vorkommen, oder Arten, die sich auf Feuchtgebiete spezialisert haben.

Wie fast alle Insekten haben auch die Heuschrecken viele natürliche Feinde. Abgesehen von Vögeln, Spinnen und anderen Räubern, die Jagd auf Insekten machen, gibt es auch Insekten, wie zum Beispiel Dickkopffliegen und Raupenfliegen, die als Parasiten auf Heuschrecken speziali-

Die Laubholz-Säbelschrecke (hier ein Männchen) ist wohl unsere schönste Sichelschrekke. Sie ist überwiegend in der Dämmerung und bei Nacht aktiv und ernährt sich von den Blättern holziger Pflanzen, z. B. von Ahorn, Hasel oder Himbeere.

siert sind. Sie legen ihre Eier auf dem Heuschreckenkörper ab, die Larven wandern dann nach dem Schlüpfen in den Wirt und höhlen ihn aus. Daneben gibt es einige Grabwespen, die die Heuschrecken stechen, sie lähmen und dann als Futtervorrat für ihre Brut in eine Erdhöhle transportieren.

Den von Umweltveränderungen bedrohten Heuschrecken will die neue Artenschutzverordnung helfen, und so sind zwar Gefleckte Schnarrschrecke, Italienische Schönschrecke, Steppen-Sattelschrecke, Heideschrecke, Weinhähnchen, Blau- und Rotflügelige Ödlandschrecke, Rotflügelige Schnarrschrecke und die Große Schiefkopfschrecke geschützt, aber diese Schutzverordnung kann nur greifen, wenn man die eigentlichen Ursachen der Gefährdung, die eigentlichen Faktoren für das Aussterben der Heuschrecken angeht und beseitigt. Die Schutzbestimmungen verbieten bisher nämlich lediglich das Sammeln von Heuschrecken. Eine sinnlose Verordnung, wenn das Verbot, Heuschrecken auf Äckern zu fangen und einzusammeln, den Landwirten dennoch erlaubt, auf eben den gleichen Äckern die Heuschrecken mit Spritzmitteln zu vernichten.

Die Gottesanbeterin

Unsere einzige Fangschrecke, die Gottesanbeterin, liebt sonnige, warme Hänge und kommt deshalb vor allem in Weinanbaugebieten vor. Doch durch die Rebflurbereinigung und den intensiven Einsatz von chemischen Bioziden schneiden Weinberge heute als Lebensraum für sie aus.

Auch die vegetationsreichen Ödlandböschungen zwischen den Rebfluren sind kein optimaler Lebensraum für die Gottesanbeterin, weil beim Spritzen der Weinberge Pestizide hierher verweht werden.

In Mitteleuropa kommt die Gottesanbeterin nur noch an wenigen Stellen vor, etwa am Kaiserstuhl, im österreichischen Burgenland oder in der Südschweiz.

Sie ernährt sich von Insekten wie Heuschrecken, Schmetterlingen, Fliegen, Bienen oder Wespen. Dabei schafft sie Beutetiere,die fast an ihre eigene Körpergröße von 7,5 Zentimeter heranreichen, wie etwa das Grüne Heupferd.

Daß die Weibchen nach der Begattung sogar die Männchen auffressen, konnte bisher nur in Terrarien beobachtet werden.

Die Gottesanbeterin legt insgesamt zwischen 1000 und 1200 Eier, verteilt in mehrere Kapseln, von denen jede etwa 100 bis 200 Eier enthält. Die Eier überwintern, die jungen Larven schlüpfen im Frühjahr. Bereits nach der ersten Häutung jagen sie kleine Insekten, etwa Blattläuse, bald schon größere Beuteinsekten.

Ihren Namen hat die Gottesanbeterin von den bei der Lauerstellung zusammengefalteten Fangbeinen, die an einen im Gebet versunkenen Menschen erinnern. Zum Beutefang schnellt sie die Fangbeine blitzschnell vor, daß dem überraschten Opfer keine Zeit zur Flucht bleibt. Schenkel und Schiene der Vorderbeine sind mit Dornen versehen, die ein Entweichen der Beute verhindern.

In der Bundesrepublik ist die Gottesanbeterin vom Aussterben bedroht. Sie ist geschützt, und auch die meisten ihrer Rückzugsgebiete im Kaiserstuhl, die trockenwarmen Hangflächen oberhalb der Weinberge, stehen unter Naturschutz. Wenn aber die Naturschutzbehörde diese Flächen, die nicht einmal betreten werden dürfen, Ende August mit dem

---

➠

Die Gottesanbeterin, unsere einzige Fangschrecke, ist vom Aussterben bedroht. Sie ernährt sich von verschiedenen Insekten. Ihren Namen verdankt sie der Lauerstellung und den dabei zusammengefalteten Fangbeinen, die an einen im Gebet versunkenen Menschen erinnern. Zum Beutefang schnellt sie die Fangbeine plötzlich vor, so daß dem überraschten Opfer keine Zeit bleibt zur Flucht. Sie kommt nur noch in kleinen Gebieten der Bundesrepublik Deutschland, der Schweiz und in Österreich vor.

Kreiselmäher abmähen läßt, um einer Verbuschung vorzubeugen, dann werden Gottesanbeterinnen niedergewalzt und zerstückelt, noch ehe sie sich fortpflanzen können.

Hier zeigt sich der Widersinn mancher Naturschutzmaßnahmen. Natürlich gibt es kein Patentrezept zur Rettung der Insekten, aber eine bessere Abstimmung der einzelnen Schutzbestimmungen untereinander müßte eigentlich zur Selbstverständlichkeit werden. Langfristig gesehen kann ein wirksamer Naturschutz nur dann erreicht werden, wenn alle Umweltbedingungen verbessert werden, und dazu ist ein Gesamtkonzept notwendig und die Anstrengungen aller für unseren Lebensraum Verantwortlichen.

Erde

Die belebteste Materie – Der Boden

Wir haben uns die Erde untertan gemacht. Wir haben gelernt, Pflanzen und Tiere, aber auch Wasser und Luft zu beherrschen, wir haben gelernt, einzugreifen und zu lenken. Und nun erst wird allmählich klar, daß wir uns damit auf etwas eingelassen haben, das wir in seinen Folgen noch gar nicht abschätzen können.

Wasser und Luft waren nicht immer die Elemente des Menschen. Aber die Erde. Deshalb war sie auch das erste, was der Mensch seinem Willen und dem Wunsch nach Bequemlichkeit unterwarf, die er nutzte und benutzte, abnutzte und ausnutzte. Wir haben den Boden systematisch von dem befreit, was wir als schädlich ansahen, wir haben mit Dünger seinen Ertrag gesteigert und ihn dabei überdüngt, mit Nitraten und Pestiziden angereichert und ihn dabei krank gemacht, ja stellenweise sogar getötet.

Doch den langsamen Tod des Bodens haben wir nicht bemerkt, weil wir immer der Meinung waren, zu unseren Giften auch die Gegengifte zu haben, und Chemieschäden durch andere Chemikalien wiedergutmachen zu können. Und wir haben den langsamen Tod nicht bemerkt, weil das Leben im Boden mikroskopisch klein ist und im Verborgenen arbeitet, so daß wir das Massensterben nicht wahrnehmen konnten. Dabei ist der Boden bei weitem die belebteste Materie unseres Planeten. Theo Löbsack schreibt dazu in seinem Buch «Diese Handvoll Erde»:

«...daß diese dünne, lockere Schicht zwischen totem Gestein und Luft ein Ökosystem ist, tausendfältig belebt, daß in einer Handvoll Humus mehr Lebewesen stecken, als Menschen auf dieser Erde wohnen...»

Aber dieses vielfältige, fein abgestimmte Ökosystem ist für viele von uns einfach der Boden unter den Füßen. Und weil er uns trägt, muß er etwas Festes, Statisches sein. Und was statisch ist, ist in der Meinung vieler tot. Für andere ist er Nutz- und Ackerland, für wieder andere einfach Dreck.

Und weil alle Abläufe im Boden verborgen und lautlos vor sich gehen, bemerken wir es nicht, wenn er krank wird, wenn er in Lebensgefahr schwebt. Wir bauen daher weiter bedenkenlos alles zu, düngen und legen trocken, verlangen dem Boden das Letzte ab.

Wenn die Entwicklung so weitergeht wie bisher, existiert in etwa 150 Jahren kein einziges Lebewesen mehr in unserem Boden. Dann haben wir ihn endgültig ausgelaugt, überlastet und vergiftet mit Dünger und Pestiziden; dann haben wir auch die letzten wichtigen Flächen überbaut oder trockengelegt, dann wird die letzte Schicht Humus vom Wasser ausgewaschen oder vom Wind verweht worden sein.

Stündlich werden allein in der Bundesrepublik etwa 10 Hektar Land zugebaut. Doch scheint der Bedarf an Straßen, Parkplätzen, Industrie und immer mehr und mehr Wohnraum noch lange nicht gedeckt. Menschen, die Wohnraum suchen, sind zahlreicher geworden, auch die Größe des durchschnittlichen Wohnraums pro Person ist seit 1950 um mehr als das Doppelte auf 50 Quadratmeter gestiegen. Und damit nicht genug, je häßlicher und verbauter die Städte werden, desto stärker drängt es uns ins frische Grün. Das bedeutet: Noch mehr Straßen hin zu Ausflugszielen und Freizeiteinrichtungen, noch mehr Parkplätze an Seen und in Wäldern, noch mehr Wirtshäuser und Vereinsheime, oft mitten in Naturschutzgebieten. Also neue Baumaßnahmen und neuer Landschaftsverbrauch – ganz zu schweigen von den gewaltigen Störungen, die die erholungssuchenden Massen den Tieren und Pflanzen bescheren. Zusätzlich machen dem Boden noch Luft- und Wasserverschmutzung zu schaffen, denn auch was an Giften in der Luft ist, geht irgendwann auf die Erde nieder. Das ganze Ausmaß dieser Schadstoffbelastung ist gegenwärtig noch gar nicht bekannt und auch nicht absehbar.

Was da an Staub oder Niederschlägen vom Himmel fällt, sind hauptsächlich Chemiegifte, Metalle und Schwermetalle oder hoch konzentrierte Abgase. In der Verbindung mit Wasser oder anderen flüssigen Stoffen dringen die Gifte in den Boden ein. Einmal im Boden, haben die Gifte diese Möglichkeiten: Entweder sie bleiben, wo sie sind, unverändert und ohne auffällig zu werden, als Zeitbombe quasi, oder sie bilden mit anderen Elementen im Boden neue chemische Verbindungen. So gelangen die Gifte zusammen mit Nährstoffen durch das Wurzelsystem in die Pflanzen und dringen auf diese Weise in unsere Nahrungskette vor. Oberflächlich betrachtet gilt dann die alte Regel, daß ein bißchen eventuell nicht schadet, eine hohe Konzentration aber auf jeden Fall tödlich sein kann.

Dabei ist die Schicht fruchtbaren Bodens, die momentan von uns so erfolgreich vergiftet wird, nur ein paar Zentimeter dick. Unter dieser humusreichen, fruchtbaren Krume kommt schon nach wenigen Zentimetern der sogenannte Unterboden, darunter dann nur noch das beinahe undurchdringliche Ausgangsgestein. Natürlich ist die Beschaffenheit der Böden nicht überall gleich. Je nach Gestein des Untergrundes und je nach Klima sind sie mehr oder weniger stark verwittert, mehr oder weniger fruchtbar. Kleintiere und Pflanzenwurzeln, Pilze und Bakterien findet man aber immer nur in der etwa 30 cm dünnen obersten Humusschicht. Wird das Leben im Boden nicht gestört, werden normalerweise genügend Nährstoffe produziert, so daß der Boden konstant den gleichen Ertrag bringen kann und der natürliche Kreislauf reibungslos funktioniert: Mikroben und Kleinstlebewesen bereiten tote Pflanzen- und Tierreste, aber auch Ausscheidungen anderer Lebewesen ununterbrochen zu Nährstoffen auf, die dem Boden und damit dem Pflanzenwachstum wieder zur Verfügung stehen. Die Pflanzen nehmen die Nährstoffe aus dem Boden und Kohlendioxid aus der Luft auf, wachsen und erzeugen ihrerseits als Abfallprodukt der Photosynthese den für uns lebensnotwendigen Sauerstoff. Sauerstoff brauchen alle Lebewesen, und auch die Pflanzen atmen nachts Sauerstoff. Alle Lebewesen werden nach ihrem Tod von den Bodenbewohnern wieder zersetzt und in Nährstoffe umgewandelt. Ein Kreislauf, der gnadenlos scheint, der aber, über Millionen Jahre erprobt, reibungslos funktioniert. Was wir mit dem Boden anstellen, wirkt sich also nicht nur auf eine bestimmte Fläche Land, sondern auf das gesamte Leben aus.

In der Erde existieren aber nicht nur Bakterien, Pilze und winzigste Lebewesen, sondern durchaus auch größere. Sie erledigen die «groben Arbeiten», zerkleinern als erste Instanz totes, abgestorbenes Material, sorgen für die Durchlüftung des Bodens, graben Gänge und Höhlen. Der Regenwurm zum Beispiel frißt Erde und abgestorbene Pflanzenteile. Was er ausscheidet, ist ein Gemisch aus Bakterien, Stickstoff und Kalkteilchen, ein idealer Dünger also. Außerdem gräbt er beim Fressen Gänge in die Erde und sorgt so für die Durchlüftung des Bodens. Er dient so nicht nur dem Boden, sondern seine Gänge werden von Spinnen, Springschwänzen, Tausendfüßlern, Asseln und vielen anderen Lebewesen als regelrechte «Straßen» genutzt.

6500 Kilometer sind es von der Oberfläche der Erde bis in ihr Innerstes. Und nur 30 Zentimeter sind es, in denen all die Prozesse ablaufen, die die Grundlagen für alles Leben auf der Erde, die Grundlagen damit auch für unsere eigene Existenz bilden. Ein gesunder Kreislauf existiert aber wie gesagt nur in einem gesunden, ungestörten Boden. Doch unsere Böden sind alles andere als normal und ungestört. Sie haben vielmehr durch intensiven Ackerbau schon so gelitten, daß gedüngt und gespritzt werden *muß*, um ihnen überhaupt noch Erträge abzugewinnen. Aber nicht nur auf den Feldern ist der Boden krank. Auch in unseren Gärten spielen wir ihm übel mit. Da werden Zierrasen eingesät, gigantische Grasmonokulturen, in denen sich kein Lebewesen halten kann. Maulwürfe werden unerbittlich verfolgt, dabei sorgen sie ebenfalls für die Durchlüftung des Bodens. Außerdem sind Maulwürfe Insektenfresser, ersparen also dem Klein- und Heimgärtner den Griff zur Giftspritze.

Was so an Gift in unserem Boden steckt, stammt aber nicht nur aus der Luft und aus Dünge- und Spritzmitteltanks. Großer Schaden entsteht durch den Müll unserer Müllkippen, durch giftige Ablagerungen, die man früher durch Vergraben schnell und unauffällig aus der Welt zu schaffen glaubte. Heute sickern als Folge davon hochgiftige Rinnsale in den Boden. Die meisten früheren Mülldeponien wurden angelegt, ohne darauf zu achten, ob der Boden über eine sickerdichte Lehmschicht verfügte. Nun sitzen wir also auf den Bergen von etwa 30000 Mülldeponien, von denen die meisten chemische Zeitbomben sind. Nach einem Gutachten, das Umweltminister Töpfer im Dezember 1989 vorgelegt wurde, müßte der Staat etwa 50 Milliarden Mark aufbringen, um alle von Altlasten verseuchten Gebiete zu sanieren. Dies macht deutlich, welche Ausmaße das Müll- und Altlastenproblem bei uns schon angenommen hat. Die Probleme werden vergrößert durch sogenannte Entsorgungs- und Wiederaufbereitungsbetriebe, denn viele Firmen wittern hinter neuen Entsorgungs- und Wiederaufbereitungsprogrammen das große Geschäft. So werden etwa Batterien oder Chemikalien entsorgt, ohne daß ein Betrieb in die kostenträchtigen notwendigen Sicherheitsvorkehrungen investiert hat.

Als Beispiel kann dazu eine chemische Fabrik in Marktredwitz in der Oberpfalz dienen, wo mehr als 110 Kubikmeter Abfälle mit Quecksilberrückständen entstanden, die das gesamte Betriebsgelände und einen nahegelegenen Bach verseuchten. Mehr als das 400fache überstieg der Quecksilbergehalt des Wassers dort den erlaubten Grenzwert.

Die zuständigen Gewerbeaufsichtsämter sind bei der Überprüfung der Firmen ohne ausreichendes Fachpersonal meist total überfordert. Wird ein Umweltvergehen bei einer Firma festgestellt, ist es meist schon zu spät, und weite Flächen sind verseucht.

Manche Betriebe entsorgen ihren Problemmüll illegal, sie kippen hochgiftige Substanzen bei Nacht und Nebel einfach ins freie Gelände. Solange Strafverfahren gegen solche Firmen mit geringeren Geldstrafen geahndet werden, als die vorschriftsmäßige Entsorgung kosten würde, werden auch weiterhin Firmen diesen für sie billigeren Entsorgungsweg wählen. Nach dem Gesetz gibt es die Möglichkeit, gegen Umweltsünder Gefängnisstrafen bis zu zehn Jahren zu verhängen. In der Realität werden leider kleine Diebe oft zu höheren Gefängnisstrafen verurteilt als Umwelt-Kriminelle.

Die hohen Sanierungskosten verseuchter Böden und Betriebe trägt dann häufig der Staat, weil der schuldige Betrieb oft nicht zu fassen ist oder so nicht mehr existiert. In Marktredwitz bezahlte die betroffene Firma, deren Gelände völlig mit Quecksilber verseucht war, einmal achtzigtausend und einmal hunderttausend DM Strafe. Die Kosten für die Sanierung, die der Staat und damit wir Steuerzahler zu tragen haben, werden auf 100 Millionen DM geschätzt.

Umweltschutz ist immer noch viel zu sehr politisches Blendwerk. Es wird von Umweltschutz geredet, doch die zuständigen Behörden sind überlastet; es werden hohe Strafen veranschlagt, doch tatsächlich kommen Umweltsünder meist glimpflich davon. Und die Behörden weichen Konflikten lieber aus, denn oft verfügen sie nicht über Mitarbeiter, deren fachliche Qualifikation ausreicht, um sich gegen «mit allen Wassern gewaschene» Firmen-Juristen zu behaupten.

Viele Faktoren sind es, die dem Boden an die Substanz gehen. Vor allem diejenigen gehen am sorglosesten mit ihm um, von denen man erwartet, daß sie eigentlich wissen müßten, mit welch komplexem und kostbarem Gut sie es zu tun haben: die Landwirte. Wenn es heute gilt, abzuwägen zwischen den Bedürfnissen der Landwirtschaft und denen des Naturschutzes, so hat der Naturschutz bisher immer das Nachsehen.

Im Märzen der Bauer...

Lange Jahre hat man ungeniert gedüngt und gespritzt und riesige Monokulturen angelegt. Heute ist der Boden unserer Felder geschwächt oder geschädigt und auf den großen Monokulturflächen oft sogar tot.

Der Grund ist vor allem der übermäßige Einsatz von Stickstoffdünger, um die Produktion zu steigern. Und mit dem Stickstoffdünger, der sehr sensibel dosiert werden muß, können viele Bauern nicht richtig umgehen. Zusätzlich kippen viele Bauern noch den Flüssigmist aus ihrer Tierhaltung auf die Äcker, was zu einer hoffnungslosen Nitratüberlastung der Böden führt.

Seit Justus von Liebig den Mineraldünger zum Wohl der Landwirtschaft und der gesamten Menschheit erfand, ist viel zu viel damit gesündigt worden. Die Folge zu starker Düngung: Der Boden verkrümelt, er verklebt regelrecht, und so stockt die Luftzufuhr. Mit dem Boden erstikken auch die Kleinstlebewesen, oder sie trocknen aus und gehen so zugrunde. Doch nicht nur der Mineraldünger, auch Gülle verklebt den Boden und läßt seine Bewohner auf brutalste Art und Weise verenden. Viele Bauern bringen vor allem im Winter Gülle auf ihre Felder aus; einerseits, weil die brachliegenden Felder ideale Ablagerungsflächen bieten, zum anderen, weil einige vielleicht tatsächlich glauben, so dem Boden auch im Winter noch etwas Gutes zu tun. Wenn die Felder brachliegen, werden die Nitrate direkt mit den Niederschlägen in den Boden geschwemmt und gelangen so schnell ins Grundwasser. Auch der Dünger, der während der Wachstumsperioden auf die Felder ausgebracht wird, wandert irgendwann tiefer in den Boden und damit ins Grundwasser.

Ein Beispiel für die Folgen von Nitratüberdüngung findet sich in der Nähe von Tierzuchtfarmen im Kreis Oldenburg, dort ist der Boden völlig tot. Denn hier werden die Äcker schon nicht mehr mit Gülle gedüngt, sondern sind nur noch Ablagerungsflächen für die Gülle aus den Tierhochzuchtfarmen, degradiert zu billigen Latrinen. Dabei gibt es vom Ministerium für Landwirtschaft, Ernährung und Umwelt Leitfäden zur richtigen Lagerung von Flüssigmist, und zusätzlich gibt es Subventionen zum Bau von Lagergruben für Gülle.

Landwirtschaft – das bedeutete ursprünglich, daß ein und dieselbe Landfläche viel mehr Menschen gleichzeitig ernähren konnte als vorher. Man war weitgehend abhängig von der Leistungsfähigkeit der Natur, vom Klima und vom natürlichen Ertrag des Bodens. Seit der Landwirt aber durch Dünger und Pestizide von diesen Bedingungen unabhängig geworden ist, seit er rationeller größere Flächen bearbeiten kann, zahlt er anstelle von Muskelkraft einen anderen, viel höheren Preis, denn umgerechnet auf Treibstoff-, Maschinen- und Chemieaufwand müssen bei intensiver Viehhaltung heute zehn Kalorien investiert werden, um eine einzige Kalorie in Form von Fleisch zu erhalten.

Mit steigenden technischen Verbesserungen und Fortschritten in der Medizin wuchs die Bevölkerung, mußte derselbe Boden immer mehr Menschen ernähren, wurde die Landwirtschaft zwangsweise intensiviert. Nach dem Krieg kam auch in der Landwirtschaft der wirtschaftliche Aufschwung mit Mechanisierung und Rationalisierung. Der Grad der Rationalisierung läßt sich daraus ersehen, daß ursprünglich mehr als ein Drittel aller Erwerbstätigen in der Landwirtschaft arbeiteten, heute sind es gerade noch fünf Prozent bei gleichzeitig vierfachem Ernteertrag. Mit rechten Dingen kann dies nicht zugehen. Und so ist die Landwirtschaft der Motor für die Zerstörung der Natur: Etwa die Hälfte aller Flächen wird heute landwirtschaftlich genutzt, wird gedüngt, begiftet, gemäht und abgeflämmt, umgebrochen und trockengelegt.

Rebhühner als Bodenbrüter sind durch den Einsatz landwirtschaftlicher Maschinen bedroht. Obwohl sie längst auf der Roten Liste stehen, zählt man sie zum jagdbaren Wild, und es liegt im Ermessen des Jagdberechtigten, ob er sie schießt.

Dennoch werden von Seiten des Staates und der EG Anreize geboten, um die Produktion bestimmter landwirtschaftlicher Güter zu fördern. So werden die Erträge immer höher, obwohl die landwirtschaftlich genutzten Flächen immer kleiner werden, weil gleichzeitig immer mehr Bauland verbraucht wird. Für den Landwirt bedeutet dies: aus weniger verbleibender Fläche noch mehr herauszuholen oder neues Land in Ackerfläche umzuwandeln. Als Konsequenz daraus fallen dann wieder zahlreiche wertvolle Biotope wie etwa Trockenrasenflächen dem Pflug zum Opfer.

Je besser die landwirtschaftlichen Maschinen wurden, desto teurer wurden sie auch. Es war deshalb für den Landwirt unmöglich, für die ganze Breite seiner landwirtschaftlichen Produktion Maschinen anzuschaffen. Billiger und rationeller war es, sich auf ganz bestimmte Produktionszweige zu spezialisieren. Die einen stiegen um auf Viehzucht, die anderen vergrößerten im Zuge der Flurbereinigung ihre Feldflächen und legten riesige, maschinell leicht zu bearbeitende Monokulturen an. Fruchtwechsel gab es kaum noch, statt dessen wurden immer größere

Mengen Mineraldünger auf die Felder gekippt. Und immer größer und effektiver wurden die Maschinen. Hecken, Bäche und Bäume verschwanden, damit die Felder bis an den Rand bearbeitet werden konnten. Die gewaltigen Maschinen hatten ihren Vorteil: Der Boden konnte immer schneller und immer tiefer bearbeitet und umgegraben werden.

Doch die großen schweren Maschinen zerquetschen den Boden förmlich. Beim Umgraben des Ackers etwa drückt der Traktor mit seinem ganzen Gewicht auf den Boden. Der Pflug, den er hinter sich herzieht, lockert zwar den Oberboden, aber der Unterboden wird dabei dennoch immer fester gewalzt. Wie Staub auf einer Betonfläche liegt dann der gut bearbeitete Oberboden auf dem harten, zerdrückten Unterboden.

Wo der Boden derart gequält wird, wo ihm durch intensiven Ackerbau seine Nährstoffe entzogen werden, muß dies natürlich durch Düngung wieder ausgeglichen werden. Nun gibt es wie gesagt zwei Arten von Dünger: zum einen den Dünger aus der Tierhaltung, Gülle oder festen Mist, der sich auf jeden Fall schlecht dosieren läßt, da ja nicht bekannt ist, wieviel Nährstoffe er tatsächlich enthält. Dazu kommt Dünger, den der Bauer im Handel kauft, den er genau dosieren kann. Mineralischer Dünger enthält meist keine Schadstoffe. Doch Phosphatdünger auf Rohphosphatbasis kann Cadmium enthalten, und dieses Schwermetall verseucht den Boden für alle Zeiten.

Fünfmal mehr Stickstoff als nach dem Zweiten Weltkrieg kippen bundesdeutsche Bauern inzwischen auf ihre Äcker und etwa doppelt soviel Kali, Kalk und Phosphat. Viele unserer Böden sind inzwischen «düngerabhängig», das heißt, sie bringen nur noch Ertrag, wenn die entsprechenden Mengen an Dünger im Boden sind. So wird der Ackerbau für den Landwirt immer teurer. Noch deutlicher wird dies durch die Tatsache, daß seit Ende des Zweiten Weltkriegs doppelt soviel Getreide und etwa 20% mehr Kartoffeln geerntet werden. Um dieses Ergebnis zu erzielen, wurde wie gesagt etwa fünfmal mehr Stickstoffdünger und etwa doppelt soviel Phosphat und Kalidünger auf die Felder gestreut.

Doch nicht nur Düngung, auch Schädlingsbekämpfung vergiftet unseren Boden. Insektizide, Herbizide, Fungizide und andere Pestizide helfen natürlich auch mit, die Ernte zu steigern. Doch bewirken sie daneben auch, daß viele Tier- und Pflanzenarten aussterben, weil sie selbst oder ihre Nahrungsquellen totgespritzt wurden. Aber wir hören und sehen es nicht – Ein paar Zahlen des Statistischen Bundesamtes von 1983:

Zwischen 1975 und 1980 stieg der Verbrauch an Unkrautvernichtungsmitteln von 15700 auf 21500 Tonnen pro Jahr, an Fungiziden von

5291 auf 7200 Tonnen, an Insektiziden von rund 1600 auf 2200 Tonnen. Insgesamt wurden 1980 35000 Tonnen Pestizide von bundesdeutschen Landwirten verbraucht.

Der «Auswertungs- und Informationsdienst für Ernährung, Landwirtschaft und Forsten» verfaßte 1985 eine Broschüre mit dem Titel: «Umweltschutz – was kann der Landwirt tun?». Darin soll dem Landwirt Umweltschutz in allen Bereichen nahegelegt und nahegebracht werden. Doch heißt es im Kapitel «Landwirt und Umweltschutz»:

«Der Landwirt kann nicht auf ertragssteigernde und ertragssichernde Produktionsmittel und auf guten Kulturstand seiner Flächen verzichten... Er muß wie alle anderen Gruppen unserer Gesellschaft für seine Arbeit ein ausreichendes Einkommen erzielen können. Der sich daraus ergebende Zwang zur rationelleren Erzeugung unter Einsatz aller technischen Möglichkeiten hat zu einer stärkeren Belastung des Naturhaushaltes geführt. Diese Belastung in Grenzen zu halten bzw. abzubauen, ist eine Aufgabe, die der Landwirt in seine betriebswirtschaftlichen Überlegungen mit einbeziehen muß... Außerdem ist die Beeinträchtigung und Zerstörung der Leistungs- und Nutzungsfähigkeit von Natur und Landschaft gleichbedeutend mit der Beeinträchtigung und Zerstörung der eigenen Produktionsgrundlagen...»

Man versucht also nicht, beim Landwirt die Einsicht zu wecken, man setzt vielmehr bei seinem betriebswirtschaftlichen Gewissen an. Doch ob das nützt, ist ungewiß. Im Umweltschutzprogramm der Bundesregierung steht es jedenfalls auch geduldig und unantastbar, daß der Pestizideinsatz eingeschränkt werden und durch integrierten Pflanzenschutz ersetzt werden soll.

Also betrifft die Wasser-, Abfall- und Immissionsgesetzgebung heute auch den Landwirt. Deshalb wohl auch gut gemeinte Broschüren wie «Landwirtschaft und Umweltschutz», die an die Bauern appellieren sollen, mehr Umweltbewußtsein zu entwickeln.

Das Düsseldorfer Oberlandesgericht verurteilte im November 1989 einen Landwirt zu 3000DM Geldbuße, weil er die Wildkräuter, die auf den Randstreifen seines Ackers wuchsen, vernichtete und damit gegen das Nordrhein-Westfälische Landschaftsgesetz verstoßen habe. Der Landwirt hatte die Randstreifen einfach umgepflügt. 3000DM sind nicht viel im Verhältnis zu den eventuell entstandenen Schäden vor allem für Insekten. Wenn eine Pflanzenart erst einmal ausfällt, zieht sie den Ausfall vieler anderer Lebewesen nach sich. Ökologisch ist nichts wieder in Ordnung, wenn die Flächen ein paar Wochen später scheinbar in alter Frische wieder grünen.

Eine unter anderem vom Bundeswirtschaftsministerium berufene Expertengruppe schildert in ihrem Untersuchungsbericht die Folgen moderner Landwirtschaft so:

Die Landwirtschaft trage wesentlich zur Biotopzerstörung und damit zu Rückgang und Bedrohung von Tieren und Pflanzen bei, da sie ökologisch wertvolle Flächen ihrer Intensivproduktion unterwerfe, außerdem werde vor allem das Grundwasser durch übermäßige oder falsche Düngung stark belastet, und sowohl das Wasser als auch der Boden und die angebauten Pflanzen selbst seien stark durch Herbizide und andere Pflanzenbehandlungsmittel belastet.

Natürlich sind nicht alle Landwirte nur Zerstörer, sondern selbst ebenfalls von anderen Umweltbedrohungen betroffen. So machen etwa die Luftverschmutzung und der damit verbundene Saure Regen auch ihnen zu schaffen. Außerdem verlieren sie immer mehr ertragreiche Flächen im Zuge von Straßen- und Siedlungsbau.

Rationelle Natur pur

«Flurbereinigung, Landwirtschaft und Umweltschutz», «Flurbereinigung für Nichtlandwirte», «Landschaft als Lebensraum – der Beitrag der Flurbereinigung zur Erhaltung und Gestaltung der Landschaft», so nur einige Titel von Broschüren der Ministerien für Landwirtschaft, Ernährung und Forsten und vom AID, dem Auswertungs- und Informationsdienst für Ernährung, Landwirtschaft und Forsten in Bonn.

In «Flurbereinigung, Landwirtschaft und Umweltschutz» heißt es gleich zu Anfang: «Die Flurbereinigung ist vorrangig eine Hilfe für die Land- und Forstwirtschaft. Durch eine sinnvolle Neuordnung des ländlichen Grundbesitzes – einschließlich der infrastrukturellen Anlagen – dient sie der Gestaltung und Stärkung einer standort-, markt- und umweltgerechten, bäuerlich geprägten Agrarstruktur. Neben der Verbesserung der Wettbewerbsfähigkeit der land- und forstwirtschaftlichen Betriebe – vor allem durch erzielbare Einsparungen an Arbeitsaufwand und Kosten – trägt sie... Verantwortung für

– die Sicherung eines nachhaltig leistungsfähigen Naturhaushalts
– die pflegliche Nutzung der Naturgüter
– den Schutz von Tieren, Pflanzen...»

Man beachte die Reihenfolge: Neuordnung, Infrastruktur, Wettbewerbsfähigkeit. Und die bedachtsam gewählten Begriffe: Was bedeutet denn ein «leistungsfähiger Naturhaushalt» oder die «pflegliche Nutzung»? Worte, die gut klingen und die Flurbereinigung in ein angenehmes Licht rücken. Aber nicht nur den Landwirten, auch den Erholungssuchenden nützt die Flurbereinigung, wie weiter zu lesen ist:

«Außerdem haben alle Bürger einen Nutzen von den Maßnahmen der Flurbereinigung zur umfassenden Entwicklung ländlicher Gebiete als gesunde Lebens-, Wohn- und Arbeitsräume.» Was bedeutet gesund? Leistungsfähig? Gesund und erholsam für den Menschen? Oder tatsächlich naturbelassene, ökologisch intakte Flächen? Es gibt in unserer Kulturlandschaft keinen Quadratzentimeter natürliche Landschaft mehr. Also kann nichts mehr wirklich gesund sein.

Doch das ist längst noch nicht alles. Die Broschüre «Flurbereinigung, Landwirtschaft und Umweltschutz» liest sich wie ein Krimi. Schlag auf Schlag folgt Steigerung um Steigerung. Schon unter der Überschrift «Naturschutz und Landschaftspflege» heißt es: «...die Land- und Forstwirte sind sich bewußt, daß ökologische Erfordernisse mit den wirtschaftlichen Notwendigkeiten in Einklang gebracht werden müssen, weil eine Landnutzung ohne intakten Naturhaushalt langfristig nicht möglich ist. Die Teilnehmer eines Flurbereinigungsverfahrens sind deshalb für Maßnahmen zum Schutz von Natur und Landschaft aufgeschlossen, wenn sich deren Nutzen in einsehbarer Weise begründen läßt und die die Landbewirtschaftung hindernden Wirkungen in zumutbaren Grenzen gehalten werden...»

Die Flurbereinigung sieht sich als «Mittler zwischen Ökologie und Ökonomie». Was von beiden im Zweifelsfall den Vorrang hat, geht aus dem Text mehr als deutlich hervor. Besonders hervorgehoben wird auch, welch große Bedeutung die Flurbereinigung für die Freizeit und Erholung des Menschen habe. Stauseen, Radwege, Wanderwege, all das, was die Natur immer nur noch mehr zerstört, wird euphorisch gepriesen.

Nach dem neuen Flurbereinigungsgesetz sollen zukünftig jeder Flurbereinigung «landschaftspflegerische Vorarbeiten» vorausgehen. Die Landschaft soll – auch in ökologischer Hinsicht – bewertet werden, um so möglichst viele «naturnahe Elemente» mit in die Flurbereinigungsmaßnahmen einbeziehen zu können. «Naturnah» wohlgemerkt. Denn von «natürlich» kann ja in unseren Breiten keine Rede mehr sein. Aber der Begriff «naturnah» erfüllt ebenso seinen Zweck! Gaukelt er doch immerhin etwas vor von «Natur» und kann so leicht mißbraucht werden. Man glaubt es der Flurbereinigung also beinahe, wenn sie heute angibt, ökologischer geworden zu sein. Doch noch immer gibt es das sogenannte «Beschleunigte Zusammenlegungsverfahren» oder BZV, eine Sonderform der Flurbereinigung, die es möglich macht, daß kurzfristig Grundstücke zusammengelegt werden können. Es dürfen dabei zwar nur geringfügig Wege neu angelegt und grundsätzlich keine neuen Straßen oder Wassernetze angelegt werden, trotzdem läßt sich das BZV schnell durchführen und vor allem, ohne daß vorher langwierige unbequeme ökologische Gutachten erstellt werden müssen. Schließlich handle es sich nur um eine einfache Zusammenlegung von Flächen, wird argumentiert. Doch macht das BVZ es möglich, daß hochgelobte Flurbereinigungsgesetze umgangen werden und neue, große Monokulturflächen auch dort entstehen können, wo sie nach ökologischen Gesichtspunkten völlig unmöglich wären.

Die Flurbereinigung ist neben der Flächenzusammenlegung auch verantwortlich für den Neubau von Straßen, die Begradigung von Bächen und Flüssen, das Eindohlen von Bächen und für das Legen von Dränagerohren und Entwässerungsgräben. Versiegelte Flächen wie Straßen lassen aber die Erde nicht mehr atmen. Sie kann damit auch kein Regenwasser mehr aufnehmen und verliert so ihre natürliche Speicherfunktion. Gleichzeitig fließt das Wasser schneller ab, und zwar direkt in die Dränagerohre und von dort in die Kanalisation oder in begradigte Bäche und Flüsse und gelangt so, viel schneller als auf natürlichem Weg, irgendwann ins Meer. Wird der Boden daran gehindert, Wasser aufzunehmen und zu speichern, wird wie bei der Entwässerung Wasser geradezu entzogen, so senkt sich zwangsläufig der Grundwasserspiegel ab. In vielen Gebieten, wo Flurbereinigung durchgeführt wurde, vor allem aber in den Feuchtgebieten, war dies beabsichtigt. Nur ließ man eines außer acht: Mit der Zeit senkt sich nämlich auch der Grundwasserspiegel des undränierten, umliegenden Landes ab. So trocknen immer mehr Feuchtgebiete und Tümpel aus, vertrocknen immer mehr Flächen. Als Folge davon sterben auch die feuchtigkeitsliebenden Insekten, dadurch wiederum werden Vögel und kleinere Säugetiere dezimiert, weil sie nicht mehr genügend Nahrung finden.

Je mehr wir unsere Städte zubauen, um so mehr drängt es uns ins Grüne. Deshalb werden im Zuge der Flurbereinigung auch Naherholungsgebiete geschaffen wie Stauseen, Campingplätze, Golf- und Tennisplätze, Sport- und Schießplätze, Vergnügungsparks und natürlich auch neue Verkehrswege dorthin. All dies zerstört und verbraucht einerseits wertvolle Naturlandschaft, zum anderen stören Erholungssuchende oft Tiere bei der Brut oder Jungenaufzucht, zertreten achtlos ökologisch wertvolle Pflanzen oder hinterlassen ihren Abfall in der freien Natur. Wer von uns weiß schon, daß ein einziger der bekanntlich so friedvollen und ruhesuchenden Angler Vögel in etwa hundert Meter Umkreis stört?

Ideale Heckenlandschaft im Osten Baden-Württembergs. Hecken sind wichtiger Lebensraum für eine Vielzahl von Vögeln, Säugetieren und Insekten.

Durch die Begradigung von Bächen und Flüssen hat man erreicht, daß sie nun in schnurgeraden Bahnen zwischen den rechteckig angelegten, neugeordneten Feldern hindurchführen und daß das Wasser in ihnen schneller abfließen kann. Mit der Begradigung wurden aber auch Ufervegetationen und die Vegetation im Wasser zerstört. Durch die nun schnellere Fließgeschwindigkeit können sich kaum mehr Tiere oder Pflanzen in den Wasserläufen halten. So wurden, dank der Flurbereinigung, aus belebten Biotopen tote Abwasserkanäle.

Landverbrauch und Flurbereinigung gehen Hand in Hand. Denn Städteplanung, Landtausch und Verlegen landschaftlicher Flächen bedingen sich gegenseitig. Straßen zerschneiden einst wichtige Biotope, deren Bewohner dann nicht selten totgefahren werden bei dem Versuch, über die Fahrbahn von einer Biotophälfte in die andere zu wechseln. Wichtige Biotope verinseln so, andere werden direkt eingeebnet und zu Straßen gemacht. Schon die Straßenbauarbeiten stören und beeinträchtigen Fauna und Flora während vieler Jahre. Allein in der Bundesrepublik Deutschland werden stündlich etwa 10 Hektar Boden überbaut und der Natur unwiederbringlich genommen. Bereits über 500 000 Kilometer Straßen verlaufen durch die Bundesrepublik Deutschland, und das scheint vielen immer noch nicht genug.

Unser geplünderter Planet

Wir haben die Erde nicht nur an ihrer Oberfläche verletzt und schwer krank gemacht, wir sind auch in ihr Innerstes vorgedrungen und plündern sie dort. Edelmetalle und Edelsteine machen dabei nur einen winzigen Bruchteil der «Beute» aus. In der Hauptsache wurden und werden aus der Erde Braunkohle, Erdöl und andere fossile Brennstoffe und Rohstoffe wie Ölschiefer und Torf geholt. Daneben entstanden Kiesgruben, Steinbrüche und andere Abbaugebiete, die zum großen Teil nach ihrer Stillegung einfach mit Müll aufgefüllt wurden. In der Bundesrepublik werden jährlich etwa 70 Quadratkilometer Flächen durch Abbau und Ausbeutung des Bodens zerstört. Diese Zahl bezieht sich nur auf die direkt ausgebeuteten Flächen. Hinzu kommen natürlich noch die an die Abbaugebiete angrenzenden Gebiete, die ebenfalls stark von Störungen betroffen sind. Heute gibt es fast keine Ressourcen mehr auf der Erde, die uns noch nicht bekannt sind, die wir noch nicht angreifen.

Die Pole der Erde haben wir bisher weitestgehend in Ruhe gelassen, nicht zuletzt, weil die vermuteten Bodenschätze unter einer dicken Eisschicht liegen. Doch ist auch die Antarktis nicht mehr unberührt. Forschungsstationen haben riesige Müllberge und verrostete Wracks zurückgelassen. Und in letzter Zeit trägt man sich konkret mit dem Gedanken, auch die Antarktis auszubeuten. Dabei ist sie der letzte noch unberührte Kontinent, der einzige Erdteil, der von der Zivilisation und ihren Folgen bis jetzt noch einigermaßen verschont geblieben ist. Sie ist auch heute erst zum Teil erforscht und besitzt ein noch fast intaktes System der Selbstregulation.

Ein Eingriff in die Antarktis hätte angesichts der dicken Eismassen wahrscheinlich schwerwiegende Folgen: vor allem Klimaveränderungen. Die Antarktis bestimmt nämlich maßgeblich die Vorgänge der Zirkulation unserer Atmosphäre und des Meeres. Die Organisation Greenpeace warnt schon seit einiger Zeit vor der Ausbeutung der Antarktis. Sollten eines Tages die wirtschaftlichen Interessen überwiegen, wird sich die Ausbeutung mit Sicherheit dennoch kaum aufhalten lassen.

Wenn der Bodenbewuchs vernichtet ist, der Boden brachliegt, hat er keinen Halt mehr, ist schutzlos Wasser und Wind ausgeliefert, die ihn in alle Richtungen verstreuen. Dies bezeichnet man als Erosion. Erosion kommt aus dem Lateinischen und bedeutet übersetzt: abschaben. Nimmt die Bodenerosion größere Ausmaße an, so bleibt vom einstigen Land nur Wüste. Zeugnisse solcher Bodenabtragung sind die Wüsten in Nordchina aber auch in Persien und Nordafrika.

Meist geht der Erosion die Ausnutzung oder Auslaugung des Bodens voran. Ist der Boden aber erschöpft und in alle Winde zerstreut, kann man seine Fruchtbarkeit nie wiederherstellen, denn nur in der obersten Erdschicht ist Leben überhaupt möglich.

Die Erosion, die sich vor allem an Hängen und Bergen der Mittelmeerländer findet, geht zum großen Teil zu Lasten der Römer. Denn sie ließen alle Nutzholzbestände rücksichtslos fällen, und der Boden, der bis dahin von den Wurzeln der Bäume gehalten wurde, war schutzlos den Naturkräften ausgeliefert.

Auch die USA können hier als Beispiel dienen. Wälder wurden kahlgeschlagen, Wiesen und Steppen umgepflügt und so die Erosion begünstigt. Bereits ein Fünftel der einst bewirtschafteten US-Flächen sind heute Ödland. Über 500 Milliarden Hektar Land wurden auf der Erde bereits durch Erosion oder durch Versalzung vernichtet, wie schon dem Bericht der Vereinten Nationen aus dem Jahre 1977 zu entnehmen ist. Keine Frage, daß die von Menschen verursachte Bodenerosion um einiges schneller vor sich geht, als dies unter natürlichen Umständen der Fall wäre. Und hat die Erosion erst einmal den Boden abgetragen, ist dieser für immer verloren.

Und es modert und stinkt zum Himmel

Eine der Hauptquellen für die Verseuchung des Bodens ist der Müll. Die Gefahr liegt hier vor allem in den Mülldeponien vergangener Jahre, die ohne Versickerungsschutz angelegt und irgendwann zugeschüttet wurden, in denen zudem alles abgelagert wurde, ohne nach etwaigen Gefahren zu fragen.

Etwa 30000 unsachgemäß angelegte Mülldeponien gibt es Schätzungen zufolge allein in der Bundesrepublik. Dabei sind aber noch längst nicht alle ehemaligen Müllplätze bekannt. Erst wenn giftige Chemikalien schon aus dem Boden sickern, wird man meist auf die alten Abfälle in der Erde aufmerksam. Das macht es so schwer, Abhilfe zu schaffen. Wenige Müllplätze hätte man schnell im Griff, könnte man schnell entsorgen. Wohin aber mit dem Müll von über 30000 Deponien? Eine weitere Gefahr bilden nach Angaben der «Vereinigung Deutscher Gewässerschutz» die etwa 250000 Tonnen Salze, die jährlich mit den Niederschlägen durch den Boden ins Grundwasser geschwemmt werden, auch sie stammen aus ungesicherten Mülldeponien.

In ihrer Hilflosigkeit lassen die Gemeinden die Sickerstoffe, die aus den ehemaligen Mülldeponien austreten, abpumpen und in die Kanalisation einleiten. Damit landen die Gifte in den Kläranlagen, doch auch die können nicht alles aus dem Wasser filtern, und es sind dann vor allem Schwermetalle, die zurückbleiben.

Die Sanierung von verseuchtem Firmen- oder Deponiegelände ist an vielen Standorten dringend erforderlich, doch die einzelnen Gemeinden haben meist kein Geld zur Entsorgung der Giftstoffe. Und noch immer entstehen in der Bundesrepublik pro Jahr etwa 100 neue chemische Verbindungen, die es niemals und nirgendwo vorher gab und deren Wirkungen wir deshalb nur vermuten und bei weitem nicht absehen können. Etwa 50000 umweltvergiftende Chemikalien gibt es zur Zeit, und viele davon sind nachweislich krebserregend, wie zum Beispiel Dioxin, das immer mehr vor allem im Bereich ehemaliger Mülldeponien von sich reden macht. Für die Entstehung von Dioxin gilt dasselbe wie für die Bildung von Furanen: Treffen Sauerstoff, Chlor, Metallchloride und organische Verbindungen aufeinander, bilden sie, vereinfacht gesagt, Dioxin und Furane. Wo ist dies besser gegeben, als auf Mülldeponien, wo organischer Müll zusammen mit sogenanntem «Problemmüll» abgelagert ist?

Noch sind wir also weit entfernt von der Forderung des Abfallgesetzes im Sinne des §5, Abs. I,1 AbfG, wo es heißt: «Grundsatz: Abfälle, die im Geltungsbereich des Gesetzes anfallen, sind so zu entsorgen, daß das Wohl der Allgemeinheit nicht beeinträchtigt wird, insbesondere nicht dadurch, daß

1. die Gesundheit der Menschen gefährdet, ihr Wohlbefinden beeinträchtigt,
2. Nutztiere, Vögel, Wild und Fische gefährdet,
3. Gewässer, Boden und Nutzpflanzen schädlich beeinflußt... werden.»

Ein Hauptproblem dabei ist auch, daß sich die Zusammensetzung des Mülls gewaltig verändert hat. Kunststoffe landen in ganz gewöhnlichem Hausmüll, aber auch Cadmium, Quecksilber und andere Schwermetalle machen so den Müll von Familienhaushalten zu chemischen Zeitbomben.

Natürlich gibt es Konzepte zur Bewältigung der Müllkrise. Aber solange noch immer über richtige Lösungen gestritten wird, geschieht nichts, was zu einer echten Problemlösung beitragen könnte.

Und nicht nur der Giftmüll ist ein Problem. Generell wächst uns jede Art von Müll über den Kopf. Recycling ist das moderne Schlagwort, das uns helfen soll! Als Versuch in diese Richtung wurde in den letzten Jahren die sogenannte «Mehrweg-Plastikflasche» von Getränkefirmen angepriesen. Leicht zu transportieren und wiederverwertbar und deshalb umweltfreundlich. Zur Unterstützung gab es sogar Pfand für diese Flaschen. Tatsache aber ist, daß nur eine Glasflasche mehrmals benutzt werden kann. Eine Plastikflasche verschrammt, in den Kratzern lagern sich Bakterien ab, und auch bei der Hochdruckreinigung wird sie verkratzt und blind und ist unappetitlich anzusehen. Deshalb wird tatsächlich eine Plastikflasche nur ein einziges Mal wiederverwertet: nicht als Flasche, sondern sie wird ein- und umgeschmolzen. Hierbei entstehen natürlich auch wieder giftige Gase. Aber die Chemieindustrie ist ein so wesentlicher Teil unserer Wirtschaft, daß ein Verzicht in weiten Bereichen unseren bisherigen Wohlstand in Frage stellen würde. Die Werbe- und Verpackungsindustrie tut ein übriges, so daß immer die Natur das Nachsehen haben wird, solange wir diese Gegebenheiten nicht ändern.

Schwere Geschütze

Luft und Wasser kann man filtern und so wenigstens teilweise von Schadstoffen reinigen. Aber auf der ganzen Welt gibt es kein Verfahren, Schwermetalle aus verseuchtem Boden zu eliminieren. Die festen Schwermetallteile haften an oder in der Erde, und durch den Sauren Regen versauert der Boden zusätzlich. Je saurer er ist, um so leichter werden Schwermetalle frei und können mit dem Regenwasser bis ins Grundwasser sickern. Von dort gelangen sie in unsere Nahrungskette und reichern sich im Körper ganz allmählich an. So kann zum Beispiel Cadmium auf diese Weise beim Menschen Knochenschwund verursachen, weil es den Knochen Kalzium entzieht, und kann außerdem zu Leber- und Nierenfunktionsstörungen führen. Zudem steht es im Verdacht, Lungenkrebs zu erzeugen, dieser Nachweis wurde im Laborversuch mit Ratten erbracht.

Wen schützt das Bodenschutzprogramm?

Jedes Bundesland hat mittlerweile sein eigenes Bodenschutzprogramm. Insgesamt sagen alle Programme etwa das gleiche aus, sind alle Programme gleich dehnbar. Sie sollen «Bestandsaufnahmen» und «Lösungsansätze zum Schutz des Bodens aus der Sicht des Landes» darstellen. Vor allem sollen langfristige Verbesserungen des Bodens erzielt werden, daß es aber kurzfristig schon zu spät für jede Hilfe sein kann, wird in keinem Bodenschutzprogramm wirklich berücksichtigt.

Im Bodenschutzprogramm von 1986 des Landes Baden-Württemberg heißt es zum Landschaftsverbrauch: «Die Bodenversiegelung ist auf das unvermeidbare Maß zu beschränken ... Die Belastung der Böden im Zusammenhang mit Baumaßnahmen ist möglichst gering zu halten...» Wären diese Worte nie geschrieben worden, würden sie dem baden-württembergischen Boden genauso viel nützen, denn: Was ist das unvermeidbare Maß? Wie kann die Belastung einer Fläche beschränkt werden, während sie überbaut wird?

Noch interessanter ist das Thema: «Stoffliche Einwirkungen auf die Böden, 3. Luftschadstoffe». Da heißt es unter anderem: «...die durch Säureeintrag veränderte Kalk- und Nährstoffversorgung saurer Waldstandorte und sonstiger... Flächen ist... auszugleichen...»

Ein Satz genügt, und Baden-Württemberg scheint der Bodenversauerung Herr geworden zu sein. Der saure Boden wird einfach «ausgeglichen». Nun läßt sich versauerter Boden tatsächlich in gewissem Maß ausgleichen, denn Kalk kann Säure neutralisieren und ist oft das letzte Mittel, einen total versauerten Boden immer noch fruchtbar zu halten. Zur Zeit wird dies auf großen Waldflächen versucht. Noch läßt sich aber nicht abschätzen, wie der Boden langfristig reagiert. Die Verfasser des Bodenschutzprogramms sind da wohl etwas zu optimistisch.

Positiv kann jedoch das Kapitel «Forschung» nicht angerechnet werden. Als «Ziele» sind dort genannt: «...die noch lückenhaften Kenntnisse über die Wirkungszusammenhänge von Vorgängen im Boden, über mögliche Gefährdungsursachen und über die Sanierungsmöglichkeiten sind zu erweitern...»

Damit wird die bisherige Umweltpolitik in Frage gestellt, und das scheint ein Fortschritt. Damit ist aber auch das gesamte Bodenschutzprogramm in Frage gestellt. Denn wie können Maximen zur Wiederherstellung, Erhaltung und Verbesserung unseres Bodens aufgestellt werden, wenn die «Ober-Schützer», die Verfasser des Bodenschutzprogramms nur lückenhafte Kenntnisse über «Wirkungszusammenhänge... Gefährdungsursachen und... Sanierungsmöglichkeiten...» haben?

Angesichts der Ahnungslosigkeit von Politikern, was Ökologie betrifft, und angesichts der Unkenntnis, mit der sie uns und die Natur lenken und leiten wollen, wird einem angst und bange. So ist es kein Wunder, wenn immer mehr Biotope zugrunde gehen, wenn Frevel an der Natur getrieben wird unter dem Deckmantel des Umweltschutzes, während es de facto keinen intakten Lebensraum mehr gibt.

Mensch und Moor

Ein Moor ist zuerst einmal sumpfiges Gebiet, doch nicht jeder Sumpf ist auch ein Moor. Denn ein Moor liegt grundsätzlich auf einem Torfboden. Je nach Vegetation unterscheidet man Hoch-, Nieder- und Übergangsmoore.

Die Flora der Niedermoore hat direkte Verbindung zum Grundwasser und bezieht von dort ihre Nährstoffe. Niedermoore sind deshalb sehr nährstoffreich und haben einen entsprechend üppigen Bewuchs.

Hochmoore dagegen müssen ihr Wasser und ihre Nährstoffe aus der Luft beziehen, deshalb können sich auf ihren Flächen nur sehr wenige spezialisierte, genügsame Pflanzen halten. Jedes Moor befindet sich in einem ständigen Entwicklungsprozeß; so wird aus einem Niedermoor irgendwann ein Übergangs- und schließlich ein Hochmoor. Allerdings über einen Zeitraum von mehreren tausend Jahren.

Moore entstanden nach der Eiszeit. Die Gletscher wichen zurück und hinterließen flache, wannenartige Absenkungen, die mit wasserundurchlässigem Ton ausgekleidet waren und das Schmelzwasser aufnahmen. Sedimente und Staub vermischten sich mit dem Wasser zu einer Halbfaulschlammschicht. Mit der Zeit wuchsen auf der Schlammschicht reichlich Pflanzen, starben wieder ab und verfaulten und erhöhten immer weiter die Schlammschicht. Im Schlamm unter der Wasseroberfläche konnte Abgestorbenes nur unzureichend zersetzt werden, und so entstand Torf. Der ursprüngliche See verlandete immer mehr, es wuchsen Torfmoose. Diese Moospolster wuchsen dicht nach oben, während sie nach unten abstarben und zu Torf wurden. Die Moose speichern Wasser wie ein Schwamm und sind ein wichtiges Wasserreservoir für niederschlagsarme Zeiten. Der spezielle Moorwasserspiegel stand allmählich höher als der Grundwasserspiegel. So wölbte sich das Hochmoor wie ein kleiner Hügel auf. Und alles, was im Hügel war, war Torf und wurde vom Menschen abgebaut.

Seit dem 18. Jahrhundert veränderte sich so unser Landschaftsbild gewaltig. Denn die Moore wurden systematisch abgestochen, oder man versuchte, sie landwirtschaftlich zu nutzen, was aber meist wenig sinnvoll ist, da die nährstoffarmen Böden langfristig nicht viel Ertrag bringen. Die typische Moorvegetation wurde damit vernichtet, etwa Fettkraut oder fleischfressende Pflanzen wie Sonnentau.

Hochmoor «Klosterfilz» im Bayerischen Wald. Hochmoore sind hochspezialisierte Lebensgemeinschaften, deren mächtige Torflager sich in Jahrtausenden aus abgestorbenen, vermoderten Pflanzenteilen aufgebaut haben. Die Wurzeln der Hochmoorpflanzen haben keine Verbindung zum mineralischen Untergrund. Durch Entwässerung und Torfabbau wurden die meisten Moore systematisch zerstört.

Naturschutzgebiet «Grundloses Moor mit See» bei Walsrode. Moore sind Rückzugsgebiete für eine Anzahl bedrohter Tiere und Standorte seltener Pflanzengesellschaften. Früher war Niedersachsen das moorreichste Gebiet Mitteleuropas. Heute sind nur noch zehn Prozent der ehemaligen Hochmoorflächen in naturnahem Zustand. Die übrigen wurden abgetorft, kultiviert oder aufgeforstet.

Großflächiges Moorgebiet in Tiveden (Schweden), mit tiefem Morast und brackigem Wasser. Solche ungestörten Moore braucht der Kranich als Brutgebiet.

Moore sind ganz spezielle Biotope mit ganz spezifischen Eigenschaften. Da sie Wasser speichern, wirken sie als Regulator auf das Klima ihrer Umgebung, sorgen für eine hohe Luftfeuchtigkeit und bewahren bei großer Trockenheit durch ihren langsamen Wasserabfluß auch das umliegende Land vor Austrocknung.

Moore reagieren sehr empfindlich auf Veränderungen von außen, wird ihr Wasserhaushalt gestört, sind die Schäden kaum wiedergutzumachen. Die Dränage eines Niedermoores gleicht daher einem Aderlaß, aber unsere Zivilisation hat noch andere Folgen: Moore werden zertrampelt oder verschmutzt, sie werden in die Landwirtschaft überführt oder durch falschverstandenen Naturschutz überdüngt, dies bedeutet gerade für genügsame Hochmoorpflanzen wie Moosbeere, Rosmarinheide, Rundblättriger Sonnentau, Zwergbirke und Wollgras den sicheren Tod. Inzwischen steht jede zweite Hochmoorpflanze auf der Roten Liste.

Die Spezialisierung der Fauna und Flora des Moores bedingt zugleich eine starke Abhängigkeit von einem intakten Biotop. Geringe Störungen können verheerende Folgen haben. Einmal zerstörte Moore lassen sich nicht im Zuge von Renaturierungsmaßnahmen wieder anlegen, denn sie sind über viele Jahrtausende hinweg entstanden.

Ein bißchen Sterben gibt es nicht

Seit einigen Jahren ist das Thema Waldsterben in aller Munde. Nicht mehr so laut wie vor ein paar Jahren klingt der Ruf nach Rettung des Waldes, weil wir schnell vergessen, aber der Wald stirbt unaufhaltsam weiter. Nach Berechnungen der Arbeitsgemeinschaft Deutscher Waldbesitzerverbände vom Jahr 1989 ist jeder zweite Baum krank, jeder siebte weist mittlere bis starke Schäden auf. Und noch immer sind die Ursachen dafür nicht genau erforscht.

Nicht nur die Nadelbäume, auch Laubbäume und andere Pflanzen sterben inzwischen, die über viele Jahre hinweg Teil eines reibungslos funktionierenden Ökosystems waren. Die tatsächlichen Folgen, die das Waldsterben nach sich ziehen wird, sind heute noch gar nicht überschaubar.

Der Wald ist ein komplexes System, nicht nur eine Ansammlung von Bäumen. Er bietet großen Gruppen von Pflanzen und Vögeln Lebensraum. Im Wald ist der Kreislauf von Konsumenten, Destruenten und Produzenten noch komplexer und ausgeklügelter als in jedem anderen Ökosystem.

Produzenten sind die grünen Pflanzen, die vor allem organische Stoffe und Sauerstoff erzeugen. Die Konsumenten verbrauchen, d.h. fressen die Pflanzen, wieder andere Konsumenten fressen die Pflanzenfresser. Die Destruenten schließlich zersetzen Reste von Organismen wieder in ihre Grundbestandteile, in Salze und Nährstoffe, die von den grünen Pflanzen wieder aufgenommen werden können.

Unter Ausnutzung der Sonnenenergie funktioniert dieser Kreislauf reibungslos. Sind die Lebewesen im Ökosystem Wald völlig aufeinander angewiesen, kann man von ökologischem Gleichgewicht sprechen. Der Mensch hat jedoch dieses Gleichgewicht durcheinander gebracht durch Abholzen der Waldbäume, durch Bejagen der Waldtiere und indirekt durch Industrieabgase, Abgase aus Müllverbrennungsanlagen und Haushalten, durch Verbrennung von Kohle, Öl und Gas, wobei ungeheure Mengen an Schwefeldioxid freiwerden. Hinzu kommen Stickoxide, die aus der Verbrennung von Kraftstoffen stammen. Schwefeloxide und Stickoxide werden in chemischen Umwandlungsprozessen zu Sulfaten und Schwefelsäure oder zu Nitraten und Salpetersäure. Diese Stoffe gehen als «Saurer Regen» auf Pflanzen und Boden nieder und bewirken deren Versauerung. Bis zu einer Million Mikroorganismen leben in einem Gramm intaktem Waldboden. Durch den Sauren Regen können sie an ihrer Hauptarbeit, der Zersetzung abgestorbener Substanzen, gehindert werden, oder sie sterben selbst alle ab, was zur Folge hat, daß den Bäumen und den anderen Waldpflanzen weniger Nährstoffe zur Verfügung stehen.

Ein lebenswichtiger Faktor des Waldes besteht in der Reinigung unseres Trinkwassers, denn es muß, um von Bakterien und Schmutzstoffen gereinigt zu werden, möglichst viele Instanzen durchlaufen, vergleichbar mit einer Kläranlage. Der Filterprozeß beginnt bereits, wenn der Regen auf die Bäume des Waldes fällt. Das Wasser wird von den Blättern aufgefangen, und ein großer Teil verdunstet auf ihnen. Das übrige Wasser rinnt den Stamm hinunter oder tropft von den Blättern und sickert nur langsam durch die Bodenschicht, die bedeckt ist von Ästen, Zweigen, Blättern und kleineren Pflanzen. Der Waldboden selbst ist locker, durchbrochen von Röhren und Höhlen, die Pflanzenwurzeln und die große Zahl an Bodenbewohnern hinterlassen. Der Wald ist wie ein Schwamm, der das Wasser aufnimmt, es reinigt, speichert und nur allmählich wieder an das Grundwasser abgibt.

Dieser Kreislauf kommt der Reinheitsqualität des Wassers zugute, und es ist außerdem für alle Kreaturen lebenswichtig, daß das Wasser sich in einem ständigen Kreislauf befindet. Da das Wasser nur langsam abfließt, bekommt das Grundwasser auch in trockenen Perioden noch

«Wassernachschub». Dies hat auch Auswirkungen auf das Klima der näheren Umgebung. In einem Hektar Buchenwald verdunsten zum Beispiel 40000 Liter Wasser pro Tag. Dadurch ist die Luft feuchter, und es können örtlich mehr Niederschläge entstehen. Bis zu 10 Grad kann es im Wald kühler sein als in der freien Landschaft. Die gewaltige Abwärme unserer Städte steigt nach oben und bildet einen Sog, wodurch die kalte Luft des Waldes regelrecht abgesaugt wird und wieder frische Luft in die angrenzenden Gebiete und Städte bringt.

Der Wald filtert und reinigt die Luft. Bis zu 2,5 Millionen Tonnen Staub und Ruß senken sich jährlich allein auf die Bundesrepublik. Staub, den der Wind in den Wald weht, wird von den Blättern und Nadeln festgehalten. Ohne Schaden kann der Wald dies nicht hinnehmen, denn die feinen Öffnungen der Blätter verkleben bei zuviel Schmutz. Dadurch wird die für die Pflanzen lebenswichtige Photosynthese gestört.

Die Bodenerosion wird durch den dichten Bewuchs des Waldes und die unzähligen Wurzeln gehemmt. Im Blickwinkel der Wirtschaftlichkeit wurde dies lange Zeit nicht beachtet. Die Holzwirtschaft setzt allein in der Bundesrepublik jährlich etwa 40 Millionen Kubikmeter Holz um. Hauptsächlich werden Kiefer, Buche, Eiche und schnellwachsendes Fichtenholz geschlagen.

Die «Centrale Marketinggesellschaft der Deutschen Agrarwirtschaft» hat nun einen Prospekt zum Thema Wald veröffentlicht. Unter dem Titel: «Unser Wald – unser Holz» gibt man sich umweltbewußt. Doch was dann unter der Überschrift «Unser Wald, unser Holz» zu lesen ist, steht dem entgegen: «...nur wenn das in unseren Wäldern heranwachsende Holz ausreichend nachgefragt und abgesetzt wird, kann unsere Forstwirtschaft gesunde und leistungsfähige Wälder planen...» Planen, wohlgemerkt. Der Mensch muß gesunde Wälder planen, da die Natur es anscheinend über Jahrmillionen nicht geschafft hat, intakte Wälder entstehen zu lassen. Weiter heißt es: «...Nur bewirtschafteter Wald, nur gesicherte Aufzucht, Pflege und Ernte und Verbrauch... garantieren gesunde Wälder...» Denn immerhin belaufen sich die jährlichen Schäden in den nichtstaatlichen Wäldern auf etwa 50 Millionen Mark.

Zeit für die Holzwirtschaft, einzugreifen. Mittel dazu sind Rodung, Neuaufforstung und vor allem das «Ausputzen» der Wälder, damit die Zuchtbäume ungestört, schnell und gerade in den Himmel wachsen.

Der natürliche Wald, in dem Bäume absterben, liegenbleiben und verrotten und dadurch den Destruenten, zum Beispiel zahlreichen Insekten, Nahrung verschaffen, existiert nicht mehr. Im Interesse der Holzwirtschaft werden mit «Bewirtschaftung» und «Pflege» eines so ausgekügelten Ökosystems, das sich ohne den Menschen so lange selbst trug, «mörderische» Eingriffe toleriert, der Wald in seinem ursprünglichen Bestand zerstört.

In Mitteleuropa sind bereits 100% der Tannen krank und auch über die Hälfte der Fichten und Kiefern. In der Bundesrepublik ist mehr als die Hälfte der etwa 7 Millionen Hektar Wald sterbenskrank, und das Ausmaß der Schäden nimmt weiter zu, noch ehe es überhaupt richtig eingeschätzt werden kann.

Luftverschmutzung und saurer Regen sind die Hauptfaktoren für das Waldsterben. Dabei unterscheidet man akute und chronische Schädigungen. Akute Schädigungen kommen zum Beispiel von Gasen wie Fluorverbindungen und Schwefeldioxid. Chronische Schäden haben jedoch weit schlimmere Auswirkungen, weil sie oft erst erkannt werden, wenn es schon zu spät ist. Man sieht es einem Baum zwar an den Blättern an, daß er krank ist, doch was man nicht sieht, ist das Wurzelsystem, das sich zuerst systematisch verändert. Und weil ein kranker Baum mit geschädigten Wurzeln nicht mehr genügend Wasser aufnehmen kann, reagiert er entsprechend empfindlich auf Trockenheit. Er kann mit den Wurzeln zwar noch Nährstoffe aufsaugen, kann aber das Eindringen von schädlichen Stoffen nicht mehr kontrollieren. Die Beziehung zwischen Bodenmikroben und Wurzeln wird gestört, der Baum nimmt allmählich immer weniger Wasser und Nährstoffe auf. Deshalb wirft er Nadeln und Blätter ab. Und wenn die feinen Wurzeln des Baumes absterben, können Bakterien ungehindert in den Stamm eindringen. Sie schädigen den Baum dadurch, daß sich ein Naßkern bildet, der wie ein Pfropf wirkt und es dem Baum unmöglich macht, in seinem Leitsystem Wasser zu transportieren. Ist der Baum erst einmal so weit geschwächt, kann er sich auch gegen den Befall von Insekten wie Borkenkäfer, Pilze oder Witterungsschäden nicht mehr schützen. So mußten Ende 1989 Forstleute im Alb-Donau-Kreis dem Massensterben der Ulmen tatenlos zusehen. Sie fielen einem Pilz zum Opfer, der vom Ulmensplintkäfer übertragen wird. Das einzige, was man tun könne, so die einstimmige Meinung, ist, zu hoffen, daß der Ulmensplintkäfer «irgendwann ausstirbt».

Mit der Schädigung und Schwächung des Waldes verändert sich auch die Wasserqualität, der Wald verliert seine Filterwirkung, Schwermetallionen und andere Gifte sinken auf den Waldboden und mit dem Wasser direkt in den Untergrund.

So hat man im Quellwasser des Kaufunger Waldes etwa hochgiftige Aluminium-Konzentrationen und einen ph-Wert von 3,75 festgestellt.

Um für die Zukunft das Schlimmste zu verhindern, muß schnell gehandelt werden. Wenn auch die Höchstwerte im Bundes-Immissionsschutzgesetz drastisch gesenkt werden müßten, darf man doch nicht nur auf Gesetze und Verordnungen vertrauen; jeder einzelne von uns ist aufgerufen, auf die Reinhaltung von Luft und Wasser zu achten.

Die Emissionen von Schwefeldioxid und Stickoxiden, hauptsächlich von Kohlekraftwerken ausgehend, müssen dringend gesenkt werden! In den USA praktiziert man die sogenannte Nasse Abgasentschwefelung und hat dadurch die giftigen Emissionen bereits etwa zur Hälfte verringert. Die Entschwefelung aller unserer Kraftwerke würde ungefähr so viel kosten wie der Bau eines einzigen neuen Kernkraftwerks. Technische Maßnahmen müssen eingesetzt werden, um gegen die Sünden der Technik vorzugehen, und dann muß endlich die Suche nach neuen Energien Vorrang haben, die nachweislich die Umwelt nicht oder nur wenig beeinflussen.

Parallel dazu muß unbedingt der Wald neu aufgeforstet werden, denn ohne Wald ist auch unsere eigene Existenz gefährdet. Andere Schlagzeilen haben das Waldsterben von den Titelseiten verdrängt, und gelegentlich scheint es sogar Erfreuliches zu geben, so die Veröffentlichung des Waldschadensberichts 1989: Nicht einmal 1% mehr Wald sei geschädigt als 1988, hieß es darin. Dabei ist anscheinend völlig in Vergessenheit geraten, daß immerhin ein Drittel der bundesdeutschen Wälder bereits tot ist. Schaut man in den Harz oder ins Fichtelgebirge, so sieht man dort statt Wald nur noch gigantische Zahnstocher gen Himmel ragen. Noch schlimmer sieht es in der DDR aus, zum Beispiel im Erzgebirge.

Während von seiten der Regierungen noch immer fieberhaft nach Einzelgründen für das Waldsterben gesucht wird – was völlig unsinnig ist, da es eben viele Faktoren der Verschmutzung, viele verschiedene Schadstoffe aus verschiedenen Quellen sind –, nimmt der Autoverkehr immer noch zu: 12% mehr Autos im Jahr 1989 als 1986 und über 20% mehr gefahrene Kilometer. Noch mehr Stickoxide also, die unter dem Einfluß von Sonnenlicht zu giftigem Ozon werden, noch mehr andere giftige Substanzen!

Der Wald stirbt unaufhaltsam weiter. Die unschönen, abgestorbenen Baumskelette werden entfernt, damit sie unser Auge nicht verletzen, und generell wird mit viel Aufwand in unseren Wäldern Kosmetik betrieben. Das rastlose Aufräumen der Wälder soll einerseits der Holzwirtschaft dienen, andererseits das kritische Auge des erholungssuchenden Wanderers erfreuen. Lebewesen, die auf kranke und alte Bäume, auf das Dickicht von Ästen und Bäumen oder auf den Abbau von abgestorbenen Pflanzenteilen spezialisiert sind, werden damit auch «weggeputzt». Ein besonderes Experiment wagte man im Nationalpark Bayerischer Wald: Nachdem 1983 einem Sturm etwa 90 Hektar Wald zum Opfer gefallen waren, beschloß man, diese Bäume liegenzulassen, als Folge der Einsicht, daß der Wald sich in seinem natürlichen Kreislauf selbst erhalten und regenerieren kann.

Im Nationalpark war dieses Experiment möglich. In einem normalen Wirtschaftswald wäre es undenkbar. Im Nationalpark Bayerischer Wald wird auch gegen den Borkenkäfer keine Chemie mehr eingesetzt. Borkenkäfer bleiben auf Fichtenbestände konzentriert, was in einem natürlichen Mischwald ganz von selbst die weitere Ausbreitung des Käfers stoppt. Ökologie-feindliche Fichtenmonokulturen sind dagegen sehr anfällig für Borkenkäfer und andere Schädlinge. Befällt der Borkenkäfer Fichtenkulturen und zerstört sie, können hinterher Mischvegetationen nachwachsen, die für den natürlichen Kreislauf des Waldes viel gesünder sind. Aber heute üblich ist ein Wirtschaftswald, der Ertrag bringen soll, notfalls mit Hilfe von Chemie. So wird natürlicher Wald meist beschränkt auf winzige, isolierte Altholzbestände, die sowieso keinen wirtschaftlichen Nutzen mehr bringen.

Nur ganz allmählich setzt hier ein Umdenken ein, naturnaher Wald mit etwa zwei Drittel Laubbäumen scheint sich durchzusetzen, denn man hat erkannt, daß der naturnahe Waldbau auch wirtschaftliche Vorteile haben kann, wie der Präsident der Forstkammer Baden-Württemberg im Dezember 1989 erklärte. Dazu müßte über die Hälfte des deutschen Waldes umgebaut und neu aufgeforstet werden. Solche Aktionen sollen die Länder bezahlen. So entdeckt die Forstwirtschaft also den guten alten Wald wieder, aus forsttwirtschaftlichen Gründen. Deshalb spricht man plötzlich auch wieder von der Buche als «Mutter des Waldes», nachdem sie mehr durch Zufall zum Baum des Jahres 1990 gewählt wurde.

Blütenträume

Nachdem Wälder gerodet und ihre Bodenflächen lange Zeit als Wiesen oder Weiden genutzt worden waren, entstanden dort Trockenrasenflächen. Heute findet man Trockenrasenbiotope vor allem auf Kalkböden an Südhängen, besonders im Bereich der Schwäbischen Alb, des Kaiserstuhls und in den Hohenlohischen Tallandschaften.

Trockenrasenflächen sind bewohnt von wärmeliebenden Insekten wie Feldgrille, Feldheuschrecke, Gottesanbeterin oder Schmetterlingen wie zum Beispiel von Bläulingen oder vom Schwalbenschwanz. Natürlich sind auch andere Tiere, wie etwa Eidechsen, dort heimisch. Charakteristisch für die Trockenrasenflächen ist, daß hier vom zeitigen Frühjahr bis zum Spätherbst etwas blüht. Frühlingsfingerkraut und Violette Küchenschelle sind im Frühjahr die ersten Blüher, danach erscheinen Sonnenröschen, Karthäusernelke und Thymian. Im Spätsommer und Herbst blühen Silberdistel, Golddistel und der Blaue Fransenenzian, in manchen Gebieten sogar der Violette Deutsche Enzian. Daneben kommen in manchen Gebieten Orchideen vor, aber natürlich auch die charakteristischen Trockenrasengräser Schafschwingel, Schillergras und Fieber-Zwenke.

Ökologisch sehr wertvolle Trockenrasenbiotope sind die sogenannten Kalkmagerrasen auf der Schwäbischen Alb, wo man einen besonders vielfältigen Blütenstand findet. Da der Trockenrasenboden in früheren Zeiten landwirtschaftlich genutzt wurde, ist er meist relativ nährstoffarm. Entsprechend genügsam sind die Pflanzen, die hier gedeihen. Viele Landwirte düngen leider auch die Trockenrasenflächen, um so mehr als einmal im Jahr Gras schneiden zu können. Mit der Düngung verschwinden aber dann gerade die genügsamen Pflanzen, die unbedingt auf nährstoffarmen Trockenrasenboden angewiesen sind und anderswo nicht existieren können. Oft beeinflußt auch die Düngung nahegelegener Felder und die Düngung aus der Luft die Trockenrasenbiotope. Auf jeden Fall verschwindet mit der Düngung des Trockenrasens seine typische Vegetation, was natürlich auch den Ausfall der ortstypischen Insekten und anderer Tiere zur Folge hat.

Durch die Mechanisierung in der Landwirtschaft werden heute weite Flächen schnell abgemäht, wozu man früher mehrere Tage brauchte, das geht heute in wenigen Stunden. Das heißt, innerhalb kürzester Zeit fallen durch das Abmähen sämtliche Pflanzen aus. Für viele Insekten verschwindet so mitten im Jahr ihre Ernährungsgrundlage. Auch für die Pflanzen selbst sind die Folgen verheerend: Oft werden sie abgemäht, bevor sie abgesamt haben und können deshalb im folgenden Jahr nicht wieder blühen.

Hinzu kommt die Verinselung; die einzelnen Trockenrasenflächen liegen weit auseinander, zerteilt von Straßen und anderen Bauwerken. Fällt dann ein Trockenrasenbiotop durch Abmähen aus, können die tierischen Bewohner nicht auf andere Trockenrasenflächen ausweichen.

Immer mehr Menschen sind sensibilisiert und beobachten mit Argwohn die Zerstörung der Natur. Im Oktober 1989 wurde bei Bauarbeiten für den Containerbahnhof München Ost widerrechtlich ein Trockenrasenbiotop mit Bauaushub zugeschüttet. Bürger entdeckten die «Panne», den «bedauerlichen Vorfall», wie es die deutsche Bundesbahn nannte, die sauber und vorsichtig ihren Schutt aus dem Biotop wieder entfernen mußte. Solche Fälle machen Hoffnung, aber die Entwicklung ist noch nicht überall so weit gediehen.

Extrem und deshalb so gefährdet

Besonderer Artenreichtum kennzeichnet die Böschungen von Hohlwegen, tief in den Löß eingeschnittenen Wegen, meist zwischen intensiv genutzten landwirtschaftlichen Flächen. Hier entstanden im Lauf der Jahre naturnahe Lebensräume, die als wichtiger Standort und letzter Zufluchtsort für viele Pflanzen und Tiere dienen.

In einem einzigen Hohlwegbiotop wurden mehr als 85 Farn- und Blütenpflanzen und entsprechend viele Insekten und Kleintiere entdeckt. An den Rändern der Böschungen findet man meist Feldahorn, Eschen, Buchen, Heckenkirsche, Haselnuß oder Bluthartriegel.

Da die engen Schluchten der Hohlwege nicht von großen landwirtschaftlichen Maschinen befahren werden können, wachsen sie zu oder werden, wenn sie einer rationelleren landwirtschaftlichen Nutzung im Wege sind, einfach zugeschüttet. Es ist vielleicht nicht leicht sich vorzustellen, daß die steilen, zerklüfteten Lößwege ein so wichtiges Ökosystem bilden. Doch als letzte Zufluchtstätte für viele Lebewesen, ist ihr ökologischer Wert unermeßlich.

Wichtige, hochspezialisierte Biotope stellen auch Trockenmauern dar. Vor allem Tier- und Pflanzenarten aus dem Mittelmeergebiet, die relativ viel Wärme brauchen, haben sich an oder auf diesen Mauern angesiedelt. Kennzeichnend für Trockenmauern ist die durch die Südlage bedingte hohe Temperatur bei Sonnenschein und die starke nächtliche Abkühlung.

Pflanzen, die man an Trockenmauern findet, sind Schöllkraut, Quecke, Winde, Mauerpfeffer, Hauswurz, Goldlack, wilder Flieder, Zindelkraut, Mauer- und Schriftfarn. Sie bilden den idealen Lebensraum für Insekten und wiederum für Insektenfresser wie Smaragd- und Mauereidechse und Blindschleiche. Leider verschwinden immer mehr Trockenmauern durch Flurbereinigungsmaßnahmen zur rationelleren Bewirtschaftung der Weinberge.

Ein weiterer typischer Extremstandort sind die Wacholderheiden, die vor allem zum landschaftstypischen Bild der Schwäbischen Alb gehören. Sie sind durch Schafbeweidung entstanden und haben ihren Namen von den schlanken Wacholderbüschen, die dort wachsen. Daneben halten sich in der Wacholderheide Pflanzen und Tiere auf, die sonnige, offene Flächen lieben. Silberdisteln, Hauhechel und verschiedene Gamanderarten gehören zum typischen Bodenbewuchs. Die kurzrasigen Flächen, unterbrochen von Felsen und Steinen, sind idealer Lebensraum für Eidechsen und andere wärmeliebende Tiere.

Durch Einflug von Samen anderer Pflanzen kann die Wacholderheide verbuschen. Aus diesem Grund werden meist im Herbst von Naturschützern «Heidepflegeaktionen» durchgeführt. Hierbei werden zu üppiger Wacholderbewuchs und Gehölze, die nicht heidetypisch sind, abgeholzt und oft an Ort und Stelle verbrannt. Diese umstrittenen Pflegemaßnahmen hinterlassen manchmal häßliche Brandnarben, auf denen über lange Jahre nichts anderes wächst als Brennesseln und Schuttplatzdisteln, außerdem werden beim Abflämmen viele Insekten, deren Puppen und andere Kleintiere einfach mitverbrannt. Stärkere Beweidung der Heideflächen, nicht nur durch Schafe, sondern auch durch Ziegen, wäre hier sinnvoller.

Auch die katastrophale Wirkung der Düngung und der Gifte aus der Luft schlägt sich auf die Wacholderheidevegetation nieder. Etwa 30 Kilogramm Stickstoff fallen pro Jahr aus der Luft auf einen Hektar bundesdeutschen Boden.

Hinzu kommt, daß viele Erholungssuchende die Heidelandschaft für sich entdeckt haben. Durch sie wird ebenfalls Fauna und Flora empfindlich gestört. Silberdisteln, schon lange geschützt, werden immer noch ausgestochen, um die Wohnung zu schmücken. Auf der Schwäbischen Alb im Regierungsbezirk Stuttgart gingen die Heideflächen von 1900 bis 1980 von 7400 Hektar auf 3800 Hektar zurück, wurden also fast auf die Hälfte reduziert. Man rechnet damit, daß bis Mitte der neunziger Jahre gerade noch 2900 Hektar Heidefläche übrigbleiben. Die Statistiken sind bereits aufgestellt. Doch mit dem Erhalt der restlichen Heideflächen wird wohl erst dann begonnen, wenn die Statistiker recht behalten haben und es möglicherweise zu spät ist.

Einst verstreut, heute in Reih und Glied

Zu den wichtigsten Lebensräumen für bedrohte Tier- und Pflanzenarten gehören die Streuobstwiesen. Ein Großteil von ihnen, die überwiegend in Süddeutschland die Landschaft über viele Jahrhunderte prägten, ist heute in Gefahr. Streuobstwiesen heißen sie, weil bunt gemischt verschiedene Obstbäume wie Apfel, Birne, Pflaume oder Süßkirsche beieinanderstanden und vor allem, weil diese Obstbaumbestände verstreut in der Landschaft lagen.

Bereits 3500–2200 v. Chr. fand man in Pfahlbauten aus der Jungsteinzeit Samen von Äpfeln, Birnen, Pflaumen und Vogelkirschen, ein eindeutiger Hinweis auf Obstwirtschaft. Planmäßig betrieben wurde der Obstanbau dann jedoch erst durch die Römer. Meist legten sich die Obstbaumbestände wie Gürtel um die Dörfer und boten so zugleich klimatischen Schutz. Im Dreißigjährigen Krieg wurden die Obstbaumbestände stark geschmälert, wurden bis zum 18./19. Jh. jedoch wieder angelegt.

Eine Zeitlang gab es sogar staatliche Auflagen, Obstbäume zu pflanzen. Mit der Industrialisierung und der verstärkten Mobilität wurden jedoch immer mehr exotische Früchte aus dem Ausland importiert, das heimische Obst verlor an Bedeutung, deutsche Äpfel und Birnen sollten wenigstens für das Auge schön, gleichmäßig und wohlschmeckend sein, um mit Importfrüchten noch konkurrieren zu können. Der Obstanbau mußte rationalisiert werden, um noch rentable Erträge erwirtschaften zu können. Viele Streuobstbestände wurden deshalb gefällt und mit neuen, niederstämmigen, leichter zu bearbeitenden Bäumen in Apfel- und Birnen-Monokulturen umgewandelt. Die kleinen Obstbäumchen entstammten einer intensiven Zucht, sie waren typische Laborpflanzen und deshalb anfällig für äußere Einflüsse. Dazu bieten die riesigen Monokulturflächen ideale Angriffsziele für Schädlinge, denn nur ein vielfältiger, artenreicher Lebensraum kann sich ihnen widersetzen. Weil aber die Vielfalt fehlt, muß aufs heftigste gespritzt und gedüngt werden. Damit das Obst garantiert schön und gleichmäßig anzusehen ist und auch gleichzeitig geerntet werden kann, schreckt man selbst vor Hormonbehandlungen der Bäume nicht zurück.

Zur Förderung dieser Monokulturen wurden allein in Baden-Württemberg von 1957 bis 1976 über 15000 Hektar Streuobstbestände gerodet, subventioniert aus der Staats- und EG-Kasse.

Naturbelassen sind Streuobstwiesen intakte Biotope, die sich völlig allein regulieren. Zwischen den Bäumen wächst eine Vielzahl von Pflanzen auf den sogenannten Glatthaferwiesen. Entsprechend groß ist die Zahl der Insekten, Kleintiere und Vögel.

Blütenbesucher und Pflanzenfresser finden vom zeitigen Frühjahr bis in den Herbst Nahrung von Pollen bis zum Fallobst. Der Boden ist reichlich bewohnt, und entsprechend gründlich werden Reststoffe abgebaut und wieder in Nährstoffe umgesetzt. Verschiedene ökologische Nischen haben sich in den Streuobstwiesen zu einem idealen Mosaik vereint. Allein auf zwei Quadratkilometer Streuobstwiese fand man 46 Brutvogelarten und über 20 durchziehende Arten. Die überdüngten und mit chemischen Bioziden behandelten Monokulturflächen der neuen Obstplantagen lassen derartige Lebensformen nicht mehr zu. Und wo heute noch Streuobstwiesen vorkommen, wird oft durch häufiges maschinelles Mähen die Flora empfindlich gestört. Mit dem Verschwinden der Streuobstbestände fallen auch Brut- und Nisthöhlen für Vögel und Quartiere für Fledermäuse aus. Auch Hornissen finden keine Höhlen mehr, und für viele Jäger unter

Streuobstwiesen werden weder chemisch behandelt noch gedüngt. Sowohl die Obstbäume als auch die Wiesen bieten günstigen Lebensraum für zahlreiche Insekten und Wirbeltiere, die wiederum eine gute Nahrungsgrundlage sind zum Beispiel für Grünspecht, Wendehals und Steinkauz.

den Vögeln fehlen exponierte Äste, von denen aus sie nach Beute spähen können.

Erst seit einigen Jahren erkennt man langsam, wie ökologisch wichtig Streuobstwiesen sind, zum Beispiel 1988, als man den Wendehals zum Vogel des Jahres ernannte. Auch er ist auf Höhlen in Obstbäumen angewiesen. Er gehört zwar zur Familie der Spechte, kann jedoch selbst keine Höhlen zimmern und ist auf die verlassenen Brutstätten anderer Spechtarten angewiesen.

Man versucht nun, alte Hochstamm-Obstbäume wieder anzupflanzen. Noch in den siebziger Jahren wurden den Bauern Abholzprämien gezahlt. Damals war man der Ansicht, die moderne Landwirtschaft könne sich solche veralteten extensiven Wirtschaftsstrukturen nicht mehr erlauben. Heute werden Prämien bezahlt für Flächenstillegung, für das Wiederanpflanzen von Hochstammkulturen. Aber bis ökologische Nischen, die man einst vernichtete, wiederhergestellt sind, werden Jahre vergehen. Für die nächsten 20 Jahre fehlen aber ausgewachsene Bäume mit kräftigen Stämmen, die es beispielsweise Spechten wie Grün- und Grauspecht möglich machen, Höhlen anzulegen, die in den Folgejahren auch von anderen Höhlenbrütern benutzt werden können. Denn auch kranke Bäume sind wichtig für Destruenten und Insekten.

Ob Fledermäuse und andere Kleinsäuger, Käfer und Insekten, ob Höhlenbrüter wie Buntspecht, Steinkauz, Wiedehopf, Wendehals, Neuntöter, Gartenrotschwanz und Grauschnäpper so lange durchhalten, ist fraglich. Bis zu 8000 Insekten finden sich auf einem Quadratmeter Streuobstwiese, idealer Lebensraum also auch für Siebenschläfer, Wiesel, Iltis und Dachs.

Die Streuobstwiese ist einer der artenreichsten Lebensräume überhaupt. Ob dieser Lebensraum jemals wieder seine alte Lebensqualität und Leistungsfähigkeit erreicht, ist mehr als fraglich.

Zu hoch hinaus

Edelweiß, gepflückt als Souvenir, zeigt schon die schlimmste Gefahr an für den Lebensraum Gebirge, den Tourismus. Er stört das Ökosystem Gebirge mehr als alles andere. Wanderer, die überall hin vordringen, die Schmutz, Trittschäden und Lärm hinterlassen und die übrigen Begleiterscheinungen des Tourismus: Straßen, Parkplätze, Hütten. Lifte und Skipisten vermehren die Erosionsschäden, und auch der Saure Regen und das Waldsterben hat vor dem Gebirge nicht halt gemacht: Gerade hier, in extremen Höhen, wurden in einzelnen deutschen Hochgebirgspartien ph-Werte des Regens gemessen, die in etwa den Säuregehalt von Essig hatten.

Wie jeder extreme Standort ist das Gebirge ein ausgeklügeltes, in sich geschlossenes System und deshalb sehr anfällig für Störungen. Was in jüngster Zeit über die Alpen bekannt wurde, ist mehr als alarmierend: In der gesamten Alpenregion von Österreich, Bayern und der Schweiz bis nach Norditalien und Frankreich, sind über die Hälfte aller Bäume krank. Den Rekord hält das Allgäu: Dort sind schon 80% aller Bäume betroffen.

Die Wälder im Gebirge haben eine wichtige Schutzfunktion. Sie schützen die Täler vor Erdrutschen, Lawinen und Überschwemmungen. Sie halten den Boden am Hang fest. Mit dem Verschwinden der Bäume, gerät der Boden hangabwärts in Bewegung. 7 Millionen Menschen, die in den Alpen leben, wären ohne die Wälder in ständiger Gefahr vor Erdrutschen. 1987 bewegten sich die Berge bereits gewaltig. Es sei nur an die Schlammlawine im Veltlin in Italien erinnert, die 53 Todesopfer forderte. Italien war nicht allein betroffen, alle Alpenländer hatten 1987 mit Naturkatastrophen zu kämpfen. Schuld an diesen Katastrophen ist der Mensch. Waldsterben und Abholzung, Rodung für Lifte und Freizeitanlagen, sind nur einige Stichworte dazu.

Das Baumsterben im Gebirge ist stärker als im Tal, vor allem verursacht durch Autoabgase, denn an Steigungen setzt ein Fahrzeug viel mehr Stickoxide frei als in der Ebene. Außerdem treiben klimabedingt zusätzlich Abgase aus entfernten Industriegebieten an und bleiben an den Gebirgen geradezu hängen.

Was dagegen Fremdenverkehr und Erosion miteinander zu tun haben, scheint dem oberflächlichen Betrachter nicht ganz klar. Vor allem der Wintersport ist hier verantwortlich zu machen. 40000 Skipisten mit einer Gesamtlänge von rund 120000 Kilometer und dazu 14000 Lifte findet man im Alpengebiet, Zahlen, die für sich sprechen. Allein in der Schweiz haben die Skilifte in den letzten 30 Jahren um das Siebenfache zugenommen. Zusätzlich wurden noch Straßen und Parkplätze angelegt, Hotels und Freizeitcenter errichtet.

Auch die Landwirtschaft ist nicht ohne Schuld. Im Zuge moderner Viehzucht wurden Allgäuer Rinder mit amerikanischen Rassen gekreuzt. Die entstandenen neuen Rassen haben wesentlich schmalere Klauen und treten so Mulden in die Weideflächen, die mit Wasser gefüllt, die Erosion in Gang setzen. Außerdem werden fast kaum mehr Tiere auf die Bergweiden gebracht, infolgedessen wächst das Gras höher und höher und biegt sich im Winter unter der dicken Schneeschicht, anstatt sie aufzuhalten. Die Schneemassen geraten ins Rutschen und gehen irgendwann als Lawinen zu Tal.

Aufforstung ist deshalb die wichtigste Forderung zum Schutz und Erhalt der Gebirgslandschaften. Um dies zu erreichen müssen Skipisten und Freizeiteinrichtungen strengeren Naturschutzkontrollen unterworfen werden, Wiesen wieder beweidet werden und darf die Landschaft nicht noch mehr der menschlichen Zerstörung preisgegeben werden.

Wasser

Quelle des Lebens

Eine Meldung der Münchner Abendzeitung vom 26. Oktober 1989: «Lech verseucht – Autobahn eine Woche gesperrt – Chemielaster raste auf der Autobahnbrücke bei Augsburg in umgestürzten LKW.»

Soweit die Überschrift. Schon der erste Satz des Artikels läßt tief blicken: «Der Lech ist verseucht, die Autobahnbrücke bei Augsburg stark beschädigt» – schlußfolgerndes Denken kann man dem zuständigen Redakteur nicht absprechen. Aber dies ist die Realität: Denn schließlich interessiert den Leser die Autobahnbrücke, nicht die eventuelle Verschmutzung des Wassers.

Der Sachverhalt: Nachdem auf der Lechbrücke zwei LKW zusammengestoßen waren, fielen von einem der beiden, einem Chemie-Transporter, zwei Papptrommeln und rollten in den Lech. Sie enthielten 50 Kilo ätzendes und wassergefährdendes Carbamid-Peroxid. Eine Meldung von vielen, die wir gar nicht mehr wahrnehmen, wenn es nicht unsere unmittelbare Umgebung betrifft. Wir gehen mit dem Wasser um, als hätten wir es im Übermaß. Bei «normaler» Nutzung würde das sogar zutreffen.

Normale Nutzung – was ist das? Wasser, das verdunstet und aufsteigt, das sich in Wolken sammelt und als Niederschlag wieder auf die Erde zurückkommt, dort von Pflanzen und Boden aufgenommen wird, dann allmählich im Boden tiefer sickert, bis es im Grundwasser ankommt, während Wasser aus Seen, Flüssen und von der Erdoberfläche erneut verdunstet und sich damit der Kreis schließt.

Die Natur hat zahlreiche Filter zur Reinigung des Wassers eingebaut. Angefangen von den Blättern der Bäume über Bodenbewuchs bis hin zu den Bodenschichten, die das Wasser durchlaufen muß, ehe es wieder für Pflanzen und Tiere zur Verfügung steht.

Aber die natürlichen Filter sind eben keine chemischen Kläranlagen. Sie sind nicht auf uns eingestellt. Denn wir reichern das Wasser nicht nur mit organischen Stoffen, sondern vor allem mit viel Chemie an, mit Giften, die sich nie wieder daraus entfernen lassen. Dabei ist Wasser der

Stoff, den wir am notwendigsten brauchen: 60% unseres Körpergewichts ist Wasser. Jeder von uns braucht durchschnittlich zwei Liter pro Tag, um zu überleben. Aber rechnet man den Wasserverbrauch bei uns etwa von 1983 auf den einzelnen um, so verbrauchte jeder Deutsche 140 Liter Wasser pro Tag. Zählt man den gewerblichen Wasserverbrauch noch hinzu, so kamen wir 1983 sogar auf 1430 Liter verbrauchtes Wasser pro Kopf und Tag in der Bundesrepublik. Wasser, das nicht nur verbraucht, sondern auch angereichert wurde mit giftigen und hochgiftigen Substanzen.

Dies sind Zahlen, die die Öffentlichkeit kaum kennt. In Regierungskreisen allerdings sind diese Zahlen und die damit verbundene Problematik sehr wohl bekannt. Es gibt dazu auch Veröffentlichungen. Nur wird nichts wirklich Effektives getan, um die Situation zu verändern. In der Broschüre «Umweltschutz – was kann der Landwirt tun» des Auswertungs- und Informationsdienstes für Ernährung, Landwirtschaft und Forsten ist unter der Rubrik «Wasser» zu lesen:

«Die Grundwasservorräte sind teilweise durch Übernutzung und Eintrag von Schadstoffen gefährdet. Schon jetzt sind sie nicht überall in ausreichender Qualität zur Deckung des Trinkwasserbedarfs verfügbar. Viele Fließgewässer sind so stark verschmutzt, daß die natürliche Tier- und Pflanzenwelt erheblich gestört wird. Wegen der Überbeanspruchung des Selbstreinigungsvermögens sind solche Gewässer weder für Fische noch für... menschliche Nutzung... geeignet..»

Was ist das für ein Stoff, ohne den das Leben nicht denkbar wäre? Wasser löst Stoffe, wie etwa Salze, ist Transportmedium für Nährstoffe, ist verantwortlich für das Klima der Erde – kurz – es sichert alle Lebensgrundlagen. Wasser – in der chemischen Formel H_2O ist ein Molekül, das aus zwei Atomen Wasserstoff und einem Atom Sauerstoff besteht. Das Besondere, das es so vielseitig einsetzbar macht, ist seine Bauweise: Die Atome sind nämlich im Winkel aneinandergebaut, dadurch ist das Wassermolekül ungeheuer stabil und zugleich gut löslich. Elektrisch geladene Moleküle werden angezogen, umhüllen sich mit Wasser und werden dadurch selbst löslich. So einfach ist das Geheimnis gelöst, wie Wasser alle wichtigen Stoffe in Flüssen, Meeren und in den Organismen transportieren kann.

Wasser kann außerdem sehr gut Wärme speichern. Das bringt klimatische Vorteile. Als Beispiel kann dafür der Golfstrom dienen, der vom Golf von Mexiko an die Westeuropäischen Küsten fließt und dabei um etwa 20 Grad abkühlt. Diese freiwerdende Energie sorgt dafür, daß sich die Umgebung erwärmt.

Noch stärker wird das Klima aber vom weltweiten steten Wasserkreislauf, von Verdunstung und Niederschlag beeinflußt. Die Sonnenkraft bringt pro Jahr fast 500000 Kubikkilometer Wasser aus irdischen Gewässern zum Verdampfen. Als feuchte, warme Luft steigt es auf, kühlt dann allmählich ab und kondensiert zu Wolken. Sind die Wassertröpfchen in den Wolken schwer genug, regnet es. Nur ein Viertel der Niederschläge fallen aufs Festland, drei Viertel direkt ins Meer. Auch der Regen, der aufs Land trifft, kehrt entweder oberirdisch über Bäche und Flüsse oder durch das Grundwasser ins Meer zurück.

Der Anteil des Süßwassers beträgt nur 0,3% am gesamten Wasservorrat. Vor allem Wälder speichern wie Schwämme große Wassermengen. Wird Wald abgeholzt, gehen auch Grundwasserspeicher verloren. Das Grundwasser ist aber wichtig für unser Trinkwasser, da es bereits viele «Filter» durchlaufen hat und rein und keimfrei ist.

Vom Grundwasser hängt viel ab: Es ermöglicht Leben in und auf dem Boden, Flüsse und Quellen werden gespeist und Wasser- und Hochwasserstände reguliert. Grundwasser ist somit einer der wichtigsten ökologischen Faktoren. Wo es verschmutzt oder verseucht wird, wird eine kaum absehbare Kette von Folgeerscheinungen ausgelöst.

Das Grundwasser stammt hauptsächlich aus den Niederschlägen, die allmählich im Boden versickern, bis sie auf eine wasserundurchlässige Schicht, zum Beispiel Ton, stoßen. Da der Boden aber nie vollkommen dicht ist, rinnt das Wasser auch von dort ganz langsam tiefer, unterschiedlich schnell, je nach Bodenbeschaffenheit. Das Wasser läuft durch einen riesigen, natürlichen Filter und kommt gründlich gereinigt wieder nach oben, entweder in Quellen und Flüssen oder es wird von Wurzeln oder Menschen an die Oberfläche gepumpt.

An der Erdoberfläche enthält ein Kubikzentimeter Wasser mehrere Millionen Keime, aber schon in sechs Meter Tiefe gar keine mehr.

Grundwasser gibt es eigentlich überall, wo Wasser versickern kann. Jedoch bleibt es nicht überall stehen, sondern sammelt sich an günstigen Stellen. Die gibt es meist entlang von Flußtälern, wo es dann auch noch von Flußwasser angereichert wird. Dies hat zur Folge, daß durch Gifte belastetes Grundwasser sich mit dem Flußwasser vermischt und auch dieses vergiftet.

«Die Grünen» forderten im Umweltausschuß des Bayerischen Landtags im Herbst 1989, daß auf bayerische Felder, die im Wassereinzugsbereich liegen, keine landwirtschaftlichen Gifte mehr ausgebracht werden dürften. Diese Forderung wurde einstimmig abgelehnt mit der Begründung: Schließlich sei fast die Hälfte Bayerns Wassereinzugsgebiet, was bedeute, daß die Landwirtschaft fast überhaupt nicht mehr düngen und spritzen könnte.

Vor allem die Sünden der Vergangenheit machen dem Grundwasser heute zu schaffen. Wir haben nicht nur bedenkenlos zuviel Wasser entnommen, Flächen dräniert, Feuchtgebiete trockengelegt, Bäche und Flüsse begradigt – wir haben auch unsere Gewässer und das Grundwasser mit Schadstoffen aller Art verunreinigt. Viele Quellen sind versiegt, viele Brunnen verseucht und fallen für die Nutzung aus. Das sind Folgen, die zwar absehbar waren, um die sich aber niemand kümmerte. Dazu kommen Verschmutzungen aus nicht oder schlecht abgedichteten Mülldeponien der Vergangenheit, deren Schadstoffe zusammen mit dem Sickerwasser in die Bodenschichten bis ins Grundwasser gelangen. Vor allem handelt es sich dabei um Heizöl, Schmieröl und chlorierte Kohlenwasserstoffe.

Was alles an giftigen Schadstoffen noch in unser Grundwasser sickern wird, ist ungewiß, da man noch nicht einmal alle ehemaligen Mülldeponien kennt und auch nicht die neuen chemischen Verbindungen, die giftige Stoffe auf dem Weg ins Grundwasser miteinander eingehen können.

In den Jahren von 1977 bis 1985 wurden allein in Baden-Württemberg 247 Trinkwasserbrunnen geschlossen, weil sie zu hohe Nitratwerte aufwiesen. Die Nitratbelastung beruht auf der Düngung in der Landwirtschaft. Dasselbe gilt für Herbizide, Insektizide und andere Pestizide. Sie sickern alle in den Boden und kommen irgendwann im Grundwasser an. Umweltschonende Anbaumethoden könnten also für die Wasserqualität von großem Nutzen sein. Natürlich läßt sich schon wegen der Ertragsminderung kein Landwirt so ohne weiteres darauf ein. Durch Ausgleichsabgaben von seiten der Regierung könnte hier aber bestimmt einiges erreicht werden, außerdem wäre dies eine Lösung für das Problem der Überproduktion.

Auch Dränagen und Versiegelung des Bodens schaden dem Grundwasser. Je mehr Flächen versiegelt sind, desto weniger Niederschlag kann im Boden versickern und dem Grundwasser zufließen. Statt dessen landet es direkt in der Kanalisation und von da in den Flüssen und schließlich im Meer. Auch Flußbegradigung und Entwässerung von Feuchtgebieten bewirken, daß das Wasser schneller abfließt. Dadurch sinkt der Grundwasserspiegel ab und das reale Grundwasservorkommen wird immer geringer. Dafür transportieren die Flüsse mehr Wasser als zuvor, was zur Folge hat, daß es bei langanhaltenden oder heftigen Niederschlägen schneller zu Überschwemmungen kommt. Deshalb mußten vielerorts Stauanlagen gebaut werden.

➠ Wolfsteiner Ohe im Bayerischen Wald. Naturbelassene Bäche bieten Lebensraum für zahlreiche Pflanzen und Tiere, zum Beispiel für Wasseramsel und Eisvogel.

Totholz ist elementarer Bestandteil eines Naturwaldes. Durch Verwesung werden wieder Nährstoffe für neues Leben frei. Die Larven vieler holzbewohnender Käfer ernähren sich von morschem Holz. Da es in den ausgeräumten Wirtschaftswäldern an totem Holz mangelt, sind 60 % der holzbewohnenden Käfer ausgestorben oder bedroht, darunter auch unser größter Käfer, der Hirschkäfer.

Kläranlagen können zwar das Wasser in mehreren Stufen klären, doch Phosphate und Nitrate, Schwermetalle und andere Giftstoffe können nie ganz herausgefiltert werden.

Ob das ökologische Gleichgewicht des Wasserhaushalts jemals wiederhergestellt werden kann, ist ungewiß. Dennoch sollten wir alle versuchen, von uns aus das Wasser nicht noch mehr zu belasten, indem wir keine Abfälle in Abflüsse und Toiletten werfen, mit chemischen Reinigern sparsam umgehen, Medikamente und andere Problemabfälle wie Batterien, Öl und Farben etc. an Sammelstellen abgeben und nicht in den Hausmüll werfen.

Der Saure Regen

Die Luft wird am stärksten durch ganz bestimmte Stoffe geschädigt: durch Abgase von Kohlekraftwerken, Fernheizwerken und Industrie-Feuerungsanlagen. Ein mittelgroßes Kohlekraftwerk gibt, sofern die Kohle auch nur 1% Schwefel enthält, 500 Tonnen Kohlendioxid, 0,15 Tonnen Kohlenmonoxid, 7 Tonnen Schwefeldioxid, 1,7 Tonnen Stickoxide, 0,05 Tonnen Kohlenwasserstoffe und 0,7 Tonnen Staub in nur einer einzigen Betriebsstunde ab. Hinzu kommen Abgase von Haushalten, Kraftfahrzeugen und Hochschornsteinen. Ihre Abgase bleiben nicht nur in der nächsten Umgebung, sondern werden über viele tausend Kilometer verweht. Abgase anderer Verkehrsmittel, vor allem von Flugzeugen, verstärken die Wirkung – wobei ein Flugzeug beim Start fast 7000 mal mehr Abgase produziert als ein Auto, das pro 1000 Liter verbranntem Benzin 300 kg Kohlenmonoxid, ca. 25 kg Stickoxide, ca. 1 kg Schwefeloxid, rund 400 g Staub und zwischen 60 und 300 g Blei abgibt. Jeder Jumbo-Flug zum Beispiel von Hamburg nach Gran Canaria produziert 300 Tonnen Kohlendioxid.

Die giftigen Stoffe mischen sich untereinander und mit der Atmosphäre, je nachdem, wie reaktionsfreudig sie sind. Sulfat, Nitrat, Chlorid und andere kehren mit Niederschlägen als sogenannter «Saurer Regen» auf die Erde zurück. Vor allem bei Schnee ist dies besonders gravierend. Der «giftige» Schnee liegt nämlich meist wochenlang. Mit der Schneeschmelze wird dann das gesamte Gift, das sich in dieser Zeit angesammelt hat, auf einmal in den Boden eingeschwemmt.

Im Zusammenhang mit dem Waldsterben ist der Saure Regen schon genannt worden. Daß Regen aber tatsächlich so sauer wie Essig sein kann, scheint unvorstellbar. Sauer ist eine Flüssigkeit dann, wenn ihr ph-Wert unter 7 sinkt. Eine Lösung mit einem ph-Wert von 7 nennt man neutral. ph bedeutet dabei die Stärke des Wasserstoffs. Saure Lösungen enthalten mehr Wasserstoffionen als weniger saure. Alles, was höher als 7 ist, nennt man alkalisch. Gewöhnlicher Regen ist immer etwas sauer, da im Regen Kohlendioxid aus der Atmosphäre enthalten ist. Normalerweise schwankt der ph-Wert des Regens etwa um 5,5 bis 5,7.

Im Moment liegt der ph-Wert des bundesdeutschen Regens etwa bei ph 4,1, damit ist er etwa 32mal saurer als früher. Besonders belastet ist vor allem das Traufwasser, das regelrecht die Giftstoffe von den Hausdächern wäscht, ehe es in den Regenrinnen landet. Den Rekord hielt der Regen im Riesengebirge! Mit ph 2,8 war er dort genauso sauer wie Essig.

Das saure Niederschlagwasser macht es zudem möglich, daß Schwermetalle, die sich auf Blättern und Nadeln angesammelt haben, in die Pflanzen eindringen können, nachdem sie sich mit dem Sauren Regen vermischt haben. Es kann auch zu direkten Säureschädigungen der Pflanzen kommen, wenn der ph-Wert der Niederschläge unter 3 liegt. Im Bodenbereich von Bäumen, die im Verhältnis mehr Schadstoffe aus der Luft filtern als kleinere Pflanzen, kommt es zu extremer Versauerung, da die Schadstoffe mit dem Wasser am Stamm herabrinnen und im Boden versickern.

Teilweise schlägt die Versauerung des Bodens schon auf das Grundwasser. Man hat in Quellen schon einen ph-Wert von unter 4,6 gemessen. Ab ph 5 kann sich aber bereits Aluminium auflösen und ein Massensterben der Fische bewirken. Im Kleinen Arbersee im Bayerischen Wald ist die gesamte Fauna und Flora zerstört, da das Seewasser inzwischen einen ph-Wert von 4,29 hat; auch der Rachelsee enthält mit ph 3,5 bis 4 keine Fische mehr.

Nach der neuen Trinkwasserverordnung darf im Trinkwasser nur noch höchstens 0,1 Mikrogramm eines Schadstoffes enthalten sein. Doch schon kurz nach Inkrafttreten der Verordnung im Herbst 1989 hätten zahlreiche Quellen geschlossen werden müssen, weil sie die neuen Werte bei weitem übertrafen. So wurden Ausnahmeregelungen geschaffen, damit die Quellen und Brunnen trotzdem weiter geöffnet bleiben können. Das belastete Wasser wird einfach mit reinem Wasser «gestreckt». So werden zwar Konfrontationen vermieden, aber außer einer Verzögerung von wirksamen Lösungen wird nichts erreicht. Die Wasserverschmutzung ist aber ein so komplexes Problem, das nur unter Aufbietung aller Kräfte gelöst werden kann.

Kaum mehr als ein Rauschen

Der Ursprung allen Lebens liegt im Meer, dem ältesten Ökosystem der Welt. Vor etwa 3,5 Milliarden Jahren bereits entstanden die ersten Lebewesen im Wasser, und erst vor etwa 400 Millionen Jahren eroberten sie das Land.

Für viele von uns ist das gewaltige Meer aber nichts weiter als ein großes Schwimmbecken, eine weite blaue Wasserfläche; doch in seinen Tiefen verborgen liegt eine ungeheuer artenreiche Welt, die nach ihren eigenen Gesetzen lebt. Dabei unterscheidet sie sich in ihren Gegebenheiten kaum von der Welt über Wasser. Denn unsere Welt wird hauptsächlich von Klima und Landschaftsformen bestimmt, ebenso wie die Welt unterhalb des Wasserspiegels, denn auch dort gibt es Erdbeben, Erdrutsche, ständige Abtragung von Flächen, ständige Veränderung der Landschaft. Auch das Leben unter Wasser ist Teil eines steten Umwandlungsprozesses, doch seine Dimensionen und Ausmaße sind viel gewaltiger als auf dem Festland.

Da gibt es Gebirge, höher als der Mount Everest und Gräben und Spalten, die viele Kilometer tief hinabreichen. Dennoch bilden die Meere, im Vergleich zum Erd-Durchmesser von 12740km auf ihr nur eine ganz dünne Wasserhaut. Die tiefste Stelle im Meer liegt mit etwa 11 Kilometer im westlichen Pazifik. Viele Vermutungen gibt es darüber, woher das Wasser der Meere eigentlich stammt. Die meisten Wissenschaftler glauben heute, daß es aus dem Erdinnern stammt und, während sich die Erde von einer Gaskugel zu einer festen Kugel umformte, langsam von innen an die Oberfläche kam. Soweit bekannt ist, gab es niemals Süßwassermeere. Das Salz des Meeres bildete sich aus Gasen und anderen im Wasser gelösten Stoffen.

Das Meer versorgt uns mit Wasser, mit Energie, mit Nahrung und – mit Chemikalien, es sorgt für ein mildes Klima, weil es in den Tropen Wärme aufnimmt, so daß es dort kühler wird, und es transportiert die Wärme an die Pole, wo es sonst noch kälter wäre.

Außerdem stammt fast ein Drittel unseres Erdöls aus der Förderung aus dem Meer; Schiffe transportieren mehr und mehr Frachten, und das Meer ist ein vielmißbrauchter Müllplatz für Abfälle aller Art geworden.

Doch ohne das Meer wäre Leben niemals entstanden. Und trotzdem gehen wir mit dem Meer um, als würde es sich täglich erneuern. Am Beispiel Nordsee, die inzwischen zum Schuttabladeplatz Nummer eins geworden ist, läßt sich der Umgang mit dem Meer verdeutlichen: Etwa 100000 Tonnen Giftmüll werden jährlich auf der Nordsee verbrannt, Dünnsäure wird heimlich verklappt, und zusätzlich fließen jedes Jahr rund 400000 Tonnen Öl aus Schiffen, aus Ölleitungen oder von Bohrinseln ins Meer, nicht zu vergessen etwa 11 Millionen Kubikmeter ungereinigte Abwässer und etwa 90 Millionen Tonnen Baggergut, das selbstverständlich auch Schadstoffe enthält. Wieviel Dreck die Schiffe ins Meer kippen, zeigt sich schon daran, daß jährlich etwa 2 Millionen Tonnen Schiffsmüll an Land gespült werden.

Hinzu kommen die Belastungen aus der Luft, Abgase oder Saurer Regen. Kein Wunder also, wenn insgesamt jährlich an Schwermetallen 45000 Tonnen Zink, 14000 Tonnen Blei, 860 Tonnen Arsen und etwa 100 Tonnen Quecksilber in der Nordsee landen, nicht zu vergessen die etwa 1,5 Millionen Tonnen Stickstoffverbindungen und die etwa 100000 Tonnen Phosphate, die hauptsächlich aus Waschmitteln stammen und über die Kanalisation in die Flüsse und von dort ins Meer geschwemmt werden. Zahlen, die sehr nachdenklich stimmen sollten.

Die meisten dieser Gifte sind nicht oder nur sehr schwer abbaubar. Das bedeutet, daß sie von den Meereslebewesen aufgenommen werden und sich in deren Fettgewebe anreichern. Von Glied zu Glied reichern sich diese Stoffe in der Nahrungskette immer mehr an. So sind Nordseealgen zehnmal höher giftbelastet als das Wasser, in dem sie leben. Kleinkrebse, die sich überwiegend von Algen ernähren, zeigen schon eine hundertmal stärkere Konzentration und Heringe oder Makrelen eine tausendmal stärkere Belastung. Thunfische, noch größere Fische, weisen eine zehntausendmal stärkere Belastung mit Gift auf, und Haie und Seehunde, die am Ende der Nahrungskette stehen, die sich also überwiegend von großen Fischen ernähren, haben in ihrem Körper hunderttausendmal mehr Gift, als das Wasser, in dem sie schwimmen.

Nun stehen am Ende der Nahrungskette aber nicht nur Hai und Seehund, sondern auch wir Menschen. Wie «zur Strafe» bekommen wir mit dem Verzehr von Fisch das Gift, das wir ins Meer kippen, wieder zurück auf den Tisch. Dies sollte zumindest ein Grund sein, sich für den Schutz des Meeres einzusetzen. Für viele ist es leider nur ein Grund, keinen Fisch mehr zu essen, und damit ist für sie die Sache im wahrsten Sinne des Wortes vom Tisch.

Neue Gesetze müssen schnellstens geschaffen werden, um das Meer zu retten, nicht langwierige internationale Verhandlungen, sondern Handlungen sind gefragt. Chemikalien dürfen nicht mehr auf offener See verbrannt werden, Schiffe sind schärfer zu kontrollieren auf das, was sie ins Meer ablassen, die Verklappung von Dünnsäure und Giften aller Art auf hoher See muß ein Ende haben. Wer dem Meer Schaden zufügt, muß künftig unnachgiebig und schneller bestraft werden.

Auch muß verhindert werden, daß die Flüsse ständig noch mehr Gifte ins Meer transportieren. Das bedeutet für die Kommunen, daß sie ihre Kläranlagen ausbauen müssen, um künftig auch Nitrate und Phosphate aus dem Wasser zu filtern. Die meisten Städte können oder wollen sich solche Klärwerke aber nicht leisten, deshalb wird es höchste Zeit, daß hier von staatlicher Stelle Geld oder Gesetze auf den Tisch gebracht werden. Genauso muß die Landwirtschaft auf ihre übermäßige Stickstoffdüngung verzichten und den übertriebenen Gifteinsatz endlich stoppen.

Grenzwerte müssen endlich drastisch herabgesetzt werden, um statt ihrer Alibi- eine wirkliche Schutzfunktion zu erreichen. Denn welchen Sinn kann es haben, wenn sich jeder Umweltvergifter auf einen Grenzwert beruft, wenn sich schließlich einzelne völlig unterschiedliche Giftstoffe überlagern und vermischen zu neuen Substanzen, deren Auswirkungen wir noch gar nicht kennen?

Umweltfreundlichere Produktionsverfahren müssen eingeführt und grundsätzlich strenger überprüft werden. Denn alle Verordnungen helfen nichts, wenn man sie umgehen kann. Genausowenig nützt alle Anstrengung zum Schutz des Meeres, wenn sie an einzelnen Symptomen und nicht gezielt an den komplexen Ursachen des Meersterbens ansetzt, wenn nicht verstärkt auch nach schadstoffarmer Energiegewinnung, nach Konzepten zur Wassereinsparung geforscht wird. Die Suche nach Öl und Gas sollte in Zukunft vor allem in besonders empfindlichen Zonen der Nordsee unterlassen werden, wie auch keine neuen Industriebetriebe und Häfen mehr an ihren Küsten entstehen sollten. Statt dessen sollten alle Länder entlang der Nordseeküste gemeinsam das Wattenmeer zur Schutzzone erklären und in diesem Sinn auch endgültig die Eindeichung und Intensivnutzung aller Naturgüter dort unterlassen.

60 Millionen Tonnen Nahrung holen wir jährlich aus allen Meeren der Welt. Noch. Aber inzwischen müssen viele Fischer sich eine andere Arbeit suchen, wie etwa an Teilen der norwegischen Küste, weil die Gewässer überfischt sind. Auch die Nordsee ist leergefischt, die Fortpflanzung der Fische ist gestört, denn die meisten von ihnen sind krank, haben häßliche Geschwüre oder verkrümmte Wirbelsäulen, weil sich durch die Giftbrühe, in der sie schwimmen, ihr Erbgut verändert hat.

Kaum noch ein Kommen und Gehen – Das Wattenmeer

In Mitteleuropa gibt es heute nur noch zwei relativ naturnahe Großökosysteme, die Alpen und das Wattenmeer, und beide haben nur eines gemeinsam: Sie sind extrem und akut durch den Menschen gefährdet. Das Wattenmeer zieht sich als sogenanntes Flachmeer mit einer Tiefe bis zu 10 Meter von der dänischen Halbinsel Skallingen über 450 km entlang der Nordwesteuropäischen Festlandküste bis in die Niederlande. Mit einer Gesamtfläche von 750000 Hektar ist die Wattfläche immerhin halb so groß wie Schleswig-Holstein. Charakteristisch für das Wattenmeer sind die Gezeiten und die damit verbundene Dynamik, der ständige Wechsel von Ebbe und Flut. Viele Organismen sind speziell an diese ökologischen Besonderheiten angepaßt und brauchen diesen Wechsel auch. Deshalb ist es tödlich für die Wattflächen und ihre Bewohner, vom ständigen Auf- und Abbau abgeschlossen zu sein, wie es etwa bei der Eindeichung von Wattregionen der Fall ist. Bei Ebbe fallen etwa zwei Drittel des Wattenmeeres «trocken», das Wasser fließt durch die sogenannten Priele zur offenen See ab. Dennoch bleibt der Boden feucht, weil er für die Ebbezeiten genügend Wasser speichern kann. Ständig werden Schwebstoffe vom Festland in die Nordsee transportiert und dann an einzelnen Stellen von der Strömung aufgeschichtet und wieder abgetragen. So kann man im Wattenmeer eine ständige rasche Erosion und Sedimentation beobachten.

Das Watt gliedert sich in drei völlig unterschiedliche Bereiche: einmal in das auch bei Ebbe noch mit Wasser überflutete Land wie Priele und Rinnen, das sogenannte Sublitoral. Insgesamt ist rund ein Drittel des Watts ständig überflutet und gehört deshalb eigentlich mehr zum offenen Meer als zum Watt. Der zweite Bereich ist das sogenannte Eulitoral, aus dem das Wasser bei Ebbe abfließt. Deshalb kann man hier das Kommen und Gehen von Ebbe und Flut im Abstand von 12,5 Stunden am eindrucksvollsten beobachten.

Der dritte Bereich des Watts, das Supralitoral, macht etwa 5% der Wattfläche aus, wobei es sich etwa je zur Hälfte in Salzwiesen und Salzstrände aufgliedert. Das Supralitoral ist auch bei Flut nicht mit Wasser bedeckt.

Die pflanzliche Produktion im Watt wird weniger durch Makroalgen wie Meersalat oder Grün- und Braunalgen, als vielmehr von den Mikroalgen, wie etwa den Kieselalgen bestimmt, die sich in großer Zahl im Boden befinden. Sie reichen bis auf eine Tiefe von 10 Zentimeter, je nachdem, wie weit das Sonnenlicht noch eindringen kann. Das Watt bekommt allerdings weit mehr organische Substanz von außen zugeführt, als es selbst produziert.

Die Mikrofauna im Watt ist noch immer nicht ganz erforscht, bis heute kennt man 280 Plankton-Arten. Insgesamt kommen von 25 zum Zooplankton gehörenden Tiergruppen 11 ausschließlich im Meer vor. Sie sterben sofort ab, wenn Watt in Süß- oder Brackwasserflächen umgewandelt wird.

Etwa 100 Vogelarten findet man im Watt, sie gliedern sich auf in 25 Brutvogelarten und 50 Rastvogelarten sowie 25 Arten, die nur hin und wieder im Watt anzutreffen sind. Vor allem für die Zugvögel spielt das Watt als Nahrungs- und Rastgebiet eine wesentliche Rolle. Sie sind bei der Zwischenlandung im Watt auf ein reichhaltiges Nahrungsangebot angewiesen, da sie hier die Energie für ihren Weiterflug tanken müssen. Aber auch die Brutvögel sind darauf angewiesen, daß genügend Nahrung vorhanden ist. Für sie ist außerdem wichtig, daß sie ungestört ihre Jungen großziehen können, was ihnen angesichts der vielen Urlauber und Erholungssuchenden beinahe unmöglich gemacht wird.

Etwa 100 verschiedene Arten von Fischen findet man im Wattenmeer, davon mehr als die Hälfte ständig. Als wichtige Wattbewohner sind noch die Säugetiere, und hier vor allem Seehunde, Tümmler und Schweinswale zu nennen. Auch die Fauna ist ideal an die typischen ökologischen Phänomene des Wattenmeeres angepaßt. Sie erträgt Wasserstandsschwankungen und Schwankungen im Wassergehalt des Bodens, oft bis zu seinem völligen Trockenfall; Schwankungen der Wasser- und Bodentemperatur, Salzgehaltsschwankungen und Schwankungen im Grad der Lichteinstrahlung. Extreme Bedingungen also, und je spezialisierter ein Lebensraum ist, desto besser müssen seine Bewohner an ihn angepaßt sein.

Um überleben zu können, haben viele besondere Strategien entwikkelt. Manche Wattalgen sind zum Beispiel in der Lage, ihre Körpergröße je nach Salzgehalt ihrer Umgebung zu variieren: Ist die Umgebung relativ salzhaltig, so schrumpfen sie, geben also Wasser ab, um ihre Körperflüssigkeit zu verringern und die Salzkonzentration in ihren Körpern zu erhöhen. Ist ihre Umgebung weniger salzhaltig, «wachsen» sie, nehmen also Wasser auf und verdünnen somit ihre körpereigene Salzkonzentration. Andere Tiere graben sich bei Ebbe in den Boden ein. Diese Lebewesen sind so hoch spezialisiert, daß sie in einem anderen Biotop nicht zurechtkommen würden.

Das Watt ist in vieler Hinsicht hochgradig gefährdet. Durch Eindeichungsmaßnahmen wird es ökologisch völlig umgewandelt. Die Folge für die Flora ist, daß sich mit der Entsalzung immer mehr Wiesen- und Weideflächen auf den Flächen ansiedeln, die vorher ausschließlich von deckenden Salzwasserpflanzen überwachsen waren. Die meisten Salzwasserpflanzen unterliegen innerhalb von zwei oder drei Jahren der immer stärker werdenden Konkurrenz der Süßwasserpflanzen. Nach den Salzpflanzen verschwinden aber innerhalb von etwa fünf bis sieben Jahren auch die salzliebenden Erstansiedler.

Oft geht den Landschaftsplanern der Rückgang der Salzwasserpflanzen gar nicht schnell genug, dann werden die Flächen umstrukturiert und durch Süßwasserpflanzen mit eingestreuten Salzwasserpflanzen ersetzt. Das bedeutet für die über 400 Tierarten, die vor allem auf Salzwasserpflanzen spezialisiert sind, den Verlust ihrer Nahrungsgrundlagen. Die Folge ist, daß sie allesamt absterben.

Die Eindeichung verhindert auch, daß organisches Material aus dem Meer nachgeliefert werden kann. Dies wiederum bedeutet, daß die rege Wattenmeer-Bioproduktion verringert wird, weil vor allem die Biomasse an Wirbellosen stark zurückgeht. So finden dann auch die fleischfressenden Tierarten, zu denen die überwiegende Zahl der Wattvogelarten gehört, nicht mehr genügend Nahrung. Pro Hektar eingedeichter Salzwiesenfläche verringert sich somit das Nahrungsangebot und folglich auch die Brut- und Rastkapazität um 100 bis 150 Vögel pro Hektar. Führt man diese Rechnung weiter, so kommt man zu dem Ergebnis, daß bei 1000 Hektar zerstörter Salzwiesen 100000 bis 150000 Rastplätze ausfallen. Einmal verlorene Wattfläche kann nie wiederhergestellt werden, wenn die Umstellung zum Süßwasserbereich erst einmal vollzogen ist. Da aber Fauna und Flora extrem eng an die Lebensbedingungen im Watt gekoppelt sind, bedeutet dies, daß Pflanzen und Tiere nirgendwo anders Lebensmöglichkeiten finden und daher zum Aussterben verurteilt sind.

Unsere Flüsse stinken zum Himmel

Einst war er das deutsche Markenzeichen – der alte Vater Rhein. Heute ist er nicht nur alt, sondern so gut wie tot. Wenn der Rhein nach 1236 Kilometern in Rotterdam in die Fahrrinnen des Rotterdamer Hafens mündet, ist er so giftig, daß er wie Sondermüll entsorgt werden muß. Deshalb bauten die Niederlande eine Spezial-Giftmülldeponie für etwa 150 Millionen Kubikmeter giftigen Rheinschlick. Damit wäre das Giftproblem vorläufig gelöst, bis im Jahr 2002 die Schlickdeponie voll ist. Wohin dann mit dem Gift des Rheins? Ihn bis dahin sauber zu bekommen, dürfte fast unmöglich sein. Denn in den Rhein fließen die giftigsten Abwässer aller angrenzenden Länder.

Nicht nur dem Rhein geht es sehr schlecht, auch fast alle anderen Flüsse sind hochgradig verschmutzt oder verseucht durch Spritz- und Düngemittel, die über das Grundwasser in die Flüsse gelangen, schlimmer noch durch Abwässer aus Industrie und Privathaushalten. Herkömmliche Kläranlagen werden der Gifte schon lange nicht mehr Herr. Viele Gemeinden können es sich nicht leisten, die giftigen Sickerstoffe aus ihren Altmülldeponien vorschriftsmäßig zu entsorgen. Die hochgiftigen Sickerwässer werden aufgefangen und in die Kläranlagen eingeleitet. Doch diese werden mit dem Dreck nicht fertig, der ihnen da giftig entgegenströmt, und lassen das meiste ungeklärt passieren. So gelangen Gifte und Schwermetalle in die Flüsse und finden dort ihren Weg ins Meer. Kein Wunder also, wenn die meisten mitteleuropäischen Flüsse nur noch tote

Kloaken sind. Hinzu kommt, daß fast die Hälfte aller Fließgewässer eingedämmt, eingedohlt oder zumindest begradigt wurden. Die so entstandene erhöhte Fließgeschwindigkeit verhindert, daß sich auf dem Grund des Flusses noch Pflanzen halten können, die bereits eine natürliche Filterwirkung hätten. Mit dem Fehlen der Pflanzen sinkt der Sauerstoffgehalt des Wassers, dies läßt auch die Mikroorganismen absterben, die normalerweise ihren Teil zur Wasserreinigung beitragen würden.

Aber in unseren Gewässern ist eben fast kaum mehr Leben möglich. Mit Wasserschutzmaßnahmen ist es deshalb bei weitem nicht getan. Überhöhte Werte werden zwar gemessen, aber bis amtlicherseits Abhilfe geschaffen wird, sind betroffene Bäche oder Flüsse meist schon tot.

Viele Jahrtausende konnten Bäche und Flüsse sich ihren Weg selbst suchen. Die Flußbette und die Uferbereiche mit den angrenzenden Auen unterlagen einem ständigen natürlichen Wandel. Nach Hochwasser etwa entstand im Ufer- und Überschwemmungsbereich wieder eine völlig neue Vegetation. Sandbänke und Kiesinseln wurden gebildet, Uferböschungen wurden von der Strömung abgerissen und neben den Wasserläufen bildeten sich oftmals kleine Tümpel oder neue Fließrinnen. Die Ufer und die unmittelbaren Randzonen waren bewachsen mit vielfältigen Hochstauden und Gebüschen und im Bereich der Altwässer entstanden weitläufige Auwälder mit ungeheuer artenreicher Fauna und Flora.

Bei einem natürlich verlaufenden Fluß unterscheidet man drei Bereiche: den Oberlauf, an dem stets ein starkes Gefälle herrscht und wo die Transportkraft des Wassers entsprechend stark ist, den Mittellauf, an dem der Fluß langsam ruhiger wird, wo sich Mäander bilden können mit entsprechend reich bewachsenen Glatt- und Prallhängen. Das schwächste Gefälle hat stets der Unterlauf, wo sich das vom Fluß mitgeführte Geröll ablagert. Seit Anfang des 19. Jahrhunderts damit begonnen wurde, die Wasserläufe zu verändern, hat sich auch die Umgebung und die Vegetation in den Flußbereichen verändert. Ein naturbelassener Fluß zeigt, nicht zuletzt durch die vielfältigen, sich ständig wandelnden Biotope, ein breites Spektrum an Fauna und Flora, abhängig davon, ob es sich um einen Stillwasserbereich, um trockene Flächen, Gebüsche oder etwa um Wald handelt. Neben Lebewesen, die in jedem Biotop vorkommen, findet man hier auch ganz spezielle Tier- und Pflanzenarten, die an die instabilen Aulandschaftsbiotope optimal angepaßt sind und deshalb nur dort vorkommen. Je mehr Flüsse und Bäche aber begradigt werden, je weniger natürliche Wasserläufe es gibt, desto mehr verschwinden auch natürliche Biotope, desto weniger Lebensmöglichkeiten haben ihre Bewohner.

Die Wasserschutzgesetze verheißen zwar Abhilfe, doch noch immer geschieht wenig. Nach der Gewässerschutzverordnung dürfen zum Beispiel Gräben und Bäche zwischen Ende Februar und Oktober nicht gereinigt werden, damit die dort heimischen Lebewesen nicht gestört oder getötet werden, damit ihr Lebensraum erhalten bleibt.

In einem uns bekannten Fall ließ eine Gemeinde jedoch im Rahmen einer solchen «Bachputzaktion» Anfang April, während der Amphibienlaichzeit, einen Bach und einmündende Entwässerungsgräben auf brutalste Art und Weise von einem Schaufelbagger ausheben. Kröten, Frösche und deren Laich lagen hinterher zerfetzt an den Ufern. Die Gemeinde legitimierte ihr Handeln damit, daß diese Maßnahmen dringend notwendig gewesen seien, da die Entwässerungsgräben das Wasser aus den Dränagerohren der angrenzenden Felder nicht mehr rasch genug abtransportiert hätten. Dabei war es nur ein zartes Rinnsal, das zu diesem Zeitpunkt durch die Entwässerungsgräben tröpfelte. Doch die Vorgabe, im Interesse der Landwirtschaft zu handeln, ließ eine Ausnahme möglich werden. Offiziell waren dabei allerdings nicht der Bach, sondern nur die Entwässerungsgräben ausgebaggert worden, und herbeigerufene «Experten» hielten den Zeitpunkt der Aktion, die ja zur Amphibienlaichzeit erfolgte, für richtig! Den auf doppelte Breite und Tiefe ausgebaggerten kahlen Bach schienen sie gar nicht zu sehen. Der eigentliche Grund für die radikale Zerstörung des Bachbiotops zu verbotener Zeit war ein ganz banaler: Der Bagger war in der Umgebung des Baches zu Arbeiten eingesetzt. Aus Rentabilitätsgründen ließ man ihn deshalb gleich noch vorsorglich den Bach ausbaggern! So werden also verheißungsvolle Gesetze und Verordnungen zum Schutze der Natur gedreht und gewendet, wie man sie braucht.

Allmählich wird das Wasser unserer Bäche und Flüsse zwar ein wenig sauberer, doch die meisten Biotope in Gewässernähe sind zerstört und werden wohl nur noch durch sehr schnelle und intensive Renaturierungsmaßnahmen gerettet werden können. Das Resümee der letzten Jahrzehnte: Mehr als die Hälfte unserer Kleingewässer sind verschwunden und von den verbliebenen ist nur noch ein geringer Prozentsatz biologisch intakt.

Zusammenfassung

«Wer Brunnen oder Wasserbehälter vergiftet oder... Stoffe beimischt, von denen bekannt ist, daß sie die menschliche Gesundheit zu stören geeignet sind, ...wird mit Freiheitsstrafe von einem Jahr bis zu zehn

Jahren... bestraft», so heißt es in §319 StGB der Bundesrepublik Deutschland. Eigentlich, so könnte man glauben, Gewähr genug, um unser Wasser vor Verschmutzern zu bewahren, um jeden zur Verantwortung zu ziehen, der es in irgendeiner Weise direkt oder indirekt verseucht.

Und trotzdem verpesten Gifte, Gülle und andere Schmutzstoffe Wasser und Grundwasser, und die Übeltäter kommen ungeschoren davon. Denn noch immer gilt, daß der Geschädigte im Falle einer Klage den Beweis führen muß, wer ihn geschädigt hat, und dies läßt sich in den wenigsten Fällen genau nachvollziehen. Nitrate und andere Dünge- und Spritzmittel im Grundwasser zum Beispiel stammen fast immer von mehreren Bauern und Kleingärtnern gleichzeitig. Und eine sichere Vorsorge zum Schutz des Wassers existiert in unserem Gesetz nicht.

Ein Lichtblick schien die neue Trinkwasserverordnung, die am 1. Oktober 1989 in Kraft trat. Danach darf im Trinkwasser fast kein Gift mehr enthalten sein, genauer: Von einem Giftstoff dürfen nur noch höchstens 0,1 Mikrogramm in einem Liter Trinkwasser enthalten sein. Dies entspricht der kleinsten meßbaren Menge. An Giftstoffen insgesamt darf das Trinkwasser nach der neuen Verordnung nicht mehr als 0,5 Mikrogramm enthalten. Eine gute Vorgabe, doch bei allein 36000 Tonnen Chemikalien, die die Landwirtschaft als ihren Anteil an der Wasservergiftung jährlich auf ihre Felder ausbringt, ein fast utopischer Grenzwert.

Das war wohl mit der Grund, warum die Bundesregierung von 1982 bis 1986 zögerte, diese Grenzwertbestimmungen für das Trinkwasser gemeinsam mit der EG auch bei uns einzuführen. 1986 schließlich wurden die EG-Grenzwerte noch einmal für weitere drei Jahre außer Kraft gesetzt. Als man sich schließlich einig war, zum 1. Oktober 1989 die neue Trinkwasserverordnung einzuführen, erließ das Bundesgesundheitsamt schon Monate vorher Ausnahmeregelungen, nach denen für weitere zehn Jahre bis zu hundertmal mehr Pestizidmengen in unserem Trinkwasser enthalten sein dürfen. Der Grund: Würde man streng nach der neuen Verordnung handeln, müßten die meisten deutschen Brunnen geschlossen werden. Die EG-Kommission drohte im Januar 1990 allerdings damit, die BRD vor dem Europäischen Gerichtshof zu verklagen, weil Bonn die Gemeinschaftsbestimmungen für Trinkwasser «nur unvollständig und nicht einwandfrei» in nationales Recht umsetze. Etwa drei Millionen Bundesbürger trinken nach Angaben eines EG-Sprechers Wasser mit einem Nitrat- und Pestizidgehalt, der über den vorgeschriebenen EG-Werten liegt, und die Tendenz sei weiter steigend. Insgesamt gebe es zehn Substanzen, die die Grenzwerte überschritten. Besonders übel nimmt die EG-Kommission der Bundesrepublik auch, daß sie die EG-Richtlinien aus dem Jahre 1980 erst mit großer Verspätung übernommen habe.

Jahrzehntelang vertrauten die Behörden den Angaben der Pestizid-Hersteller, daß Pestizide schnell im Boden abbaubar seien und unserem Grundwasser niemals etwas anhaben könnten. Doch nicht guter Glaube, sondern verschärfte Gesetze zur Sicherung der Reinheit unseres Grundwassers sind jetzt erforderlich. Statt Grenzwerte zu erhöhen und Ausnahmeregelungen zu schaffen, müssen Landwirtschaft und Industrie verschärfte Auflagen bekommen, und das so schnell wie möglich. Denn was bis jetzt im Trinkwasser an Giftstoffen nachgewiesen wird, ist längst noch nicht alles. Der größte Teil, vor allem der landwirtschaftlichen Gifte, ist noch im Boden und wird erst in den nächsten Jahren langsam bis ins Grundwasser dringen. Außerdem kennt man zwar die einzelnen Giftsubstanzen, weiß aber nicht, wie sie miteinander reagieren, ob sie nicht vielleicht im Boden völlig neue, noch unbekannte Giftstoffe bilden. Und die Verseuchung des Grundwassers wird noch verstärkt durch die hohe Nitratbelastung, auf die wir bereits in unseren Ausführungen über die Landwirtschaft hingewiesen haben. Nach Schätzungen des Umweltbundesamtes ist im Bereich landwirtschaftlich genutzter Flächen das gesamte oberflächennahe Grundwasser verseucht und somit für immer verloren.

Die Zeiten, in denen Trinkwasser aus frischen Quellen sprudelte, sind endgültig vorbei. Längst müssen Tiefbohrungen vorgenommen werden, um aus den untersten Schichten noch relativ unbelastetes Wasser zu pumpen, müssen Pipelines gelegt werden, um auch völlig trinkwasserverseuchte Gebiete mit Wasser versorgen zu können.

Doch all das täuscht uns nur Unbedenklichkeit vor, denn das übrige Wasser bleibt verschmutzt und verseucht. Und während über die Probleme des Menschen mit seinem Trinkwasser diskutiert wird, sterben in und an unseren Gewässern leise und schweigend Pflanzen und Tiere. Ihnen wird das belastete Wasser zugemutet, für sie werden keine Pipelines gelegt und neue Brunnen gegraben. Sie kann man auch nicht aus vergifteten Wasserzonen einfach evakuieren. Während wir also noch rätseln über die Folgen der kolossalen Wasserverschmutzungen für uns selbst und wie wir uns über Grenzwerte mogeln könnten, gehen Tiere und Pflanzen nach jahrzehntelanger Schludrigkeit bereits zugrunde.

Nicht bekämpft werden mit allen Verordnungen die Ursachen: die irrsinnige Landwirtschaftspolitik der letzten Jahre, die Landwirte unter Druck von EG-Beschlüssen und wirtschaftlichen Zwängen geradezu nötigte, eine kontinuierliche Steigerung ihrer Erträge um jeden Preis zu erreichen. Für einen Landwirt ist es wirtschaftlich fast nicht möglich, von der chemieverseuchten, intensiven Landwirtschaft auf ökologisch verträglichen Anbau umzustellen. Erst in letzter Zeit gibt es in der Schweiz und in einigen Teilen der Bundesrepublik, etwa in Schleswig-Holstein, erste Ansätze, ökologisch orientierte Landwirtschaft staatlich zu fördern. Doch dürfte es auch hier schon zu spät sein.

Grundsätzlich müssen sämtliche Pestizide besser geprüft werden. Pestizide, die ins Grundwasser gelangen können, weil sie nicht sofort auf den Feldern völlig zersetzt und abgebaut werden, dürfen nicht mehr produziert und nicht mehr angewendet werden. Für den allgegenwärtigen Notfall, daß Grundwasser doch von ihnen verseucht wird, muß nach Methoden geforscht werden, das Grundwasser von den Giften zu reinigen.

Auch muß verhindert werden, daß die Landwirte weiterhin beliebige Mengen Jauche auf ihre Felder ausbringen können. Es gibt zwar schon Subventionen zum Bau von Güllegruben, doch muß von staatlicher Seite generell dafür gesorgt werden, daß Gülle sich beim Landwirt gar nicht erst in großen Mengen ansammelt. Güllesammler mit chemischer Zersetzung könnten vielleicht eine Lösung sein.

Anstatt belastetes Trinkwasser mit sauberem zu «strecken», um die Grenzwerte einhalten zu können, anstelle immer tieferer Brunnen und Pipelines sollte die lokale Wasserversorgung beibehalten und statt dessen versucht werden, dieses Wasser zu «entlasten» und schärfer auf lokale Einleitung von Giften und Schmutzstoffen ins Wasser zu achten.

Alles andere ist Selbstbetrug, für den uns die Natur eines Tages die Rechnung präsentieren wird.

Luft

Störfaktor Mensch

Wir sehen sie nicht, aber wir wissen, sie ist da, und manchmal riechen wir sie auch, vor allem in den Städten. Luft ist ein Gemisch aus ca. 21% Sauerstoff, 78% Stickstoff, 1% Edelgasen und etwa 0,03% Kohlendioxid.

Theoretisch. Aber wir haben unsere Luft mit allen möglichen Giften und Gasen aus den verschiedensten Quellen verschmutzt und verseucht. Wir wissen, daß Abgase von Industrie und Verkehr die Luft verpesten und das nicht erst seit gestern.

1952 bereits forderte Smog in London rund 4000 Tote. In der Bundesrepublik im westlichen Ruhrgebiet war es am 17. Januar 1979 zum erstenmal soweit: Smog Alarmstufe 1. 1985 dann gab es gleich fünf Tage lang Alarmstufe 3 für das gesamte Ruhrgebiet.

Natürlich wurde sofort etwas getan. Es wurde gemessen, genau festgelegt, was in der Luft sein darf und was nicht. Als Luftverunreinigung gilt so nach dem deutschen «Bundes-Immissionsschutzgesetz» jede Abweichung von der natürlichen Zusammensetzung der Luft. Außerdem gibt es seit 1974 eine «Technische Anleitung zur Reinhaltung der Luft», und die bestimmt ganz genau, wieviel von welchem Schadstoff innerhalb eines gewissen Zeitraums auf einen Quadratmeter Land kommen darf.

1983 wurde diese TA Luft neu gefaßt und eine «Großfeuerungsanlagenverordnung» verfaßt. Politiker freuten sich und schüttelten sich eifrig vor der Presse die Hände, die Naturschützer schüttelten die Köpfe. Denn nun gab es zwar Vorschriften – aber tatsächlich wäre sowohl technisch als auch ökologisch viel mehr machbar gewesen, doch natürlich verbunden mit Kosten.

Japan kann uns im Bezug auf Luftreinhaltung ein leuchtendes Beispiel sein: Dort werden Abgase gereinigt, und Japan schaffte es so, von 1970 bis 1978 den Schwefeldioxid-Ausstoß von 4,4 Millionen Tonnen auf 1,8 Millionen Tonnen jährlich zu senken. Bei uns werden weiterhin nur hohe Schornsteine gebaut und auf die gute Verteilung in der Luft gesetzt. Auch die Großfeuerungsanlagenverordnung von 1983 läßt ausgerechnet die schlimmsten Luftverschmutzer, die Altanlagen und Kraftwerke mit extremen Emissionswerten, noch bis 1993 weiterqualmen.

Dabei haben wir nicht mehr viel Zeit, auch wenn großzügige Regelungen getroffen werden. Gerade in puncto Luft kann man uns ganz schön aufs Glatteis führen, denn wir sehen sie ja nicht, und kaum einer von uns kann den tatsächlichen Anteil der Luftschadstoffe in seiner Atemluft messen. Doch tagtäglich sind wir diesen unsichtbaren Giften ausgesetzt.

Bei normal schwerer Arbeit verbrauchen wir ungefähr 37 Liter Luft, davon etwa 1,6 Liter Sauerstoff in der Minute. Ein Kleinwagen dagegen verbraucht in der gleichen Zeit 310 Liter Luft, und was er «ausatmet», ist nicht nur Kohlendioxid. Kohlendioxid allein wäre nicht schlimm, denn es wird ja durch Photosynthese wieder in Sauerstoff umgewandelt. Doch ein Kleinwagenmotor produziert auch noch Kohlenmonoxid und Stickstoffe. Und zu den Autoabgasen kommen noch Abgase anderer Verkehrsmittel, von Haushalten und Fabriken, alle schicken sie ihre Gifte in die Luft. So schaffte es die Bundesrepublik Deutschland 1984, allein 3 Millionen Tonnen Schwefeldioxid freizusetzen, dazu noch mehr Stickoxide, 1/2 Million Tonnen Staub und Tausende Tonnen Schwermetalle und Chemikalien. Im Raum Köln enthält die Luft über tausend verschiedene Substanzen, nachzulesen im «Luftreinhalteplan».

In den USA gibt es sogar eine Studie, nach der jährlich etwa 140000 Personen direkt oder indirekt an der Luftverschmutzung, vor allem an Schwefeldioxid, sterben.

Unsere Luft ist heute zwar wieder klarer als früher, aber dafür um so giftiger. Früher war mehr Staub in der Luft, der heute aber zum großen Teil herausgefiltert wird. Das hat jedoch auch Nachteile. Der Staub «pufferte» nämlich teilweise die Säure ab, die aus Schwefeldioxid und Stickoxiden entstand und die sonst als Saurer Regen niedergeht.

Vor allem die Luft in unseren Städten ist giftig. Dort hat sich sogar ein ganz eigenes «Kleinklima» entwickelt. Einmal staut sich die schlechte Luft, da durch die zugebauten Flächen kein Austausch stattfindet, so daß es in den Städten fast eineinhalbmal weniger frische Luft gibt, als auf dem Land, außerdem gibt es wegen der Staubteilchen in der Luft mehr Regen als außerhalb der Städte. Dennoch ist es in Ballungszentren bis zu 5% trockener als auf dem Land. Dies hat seinen Grund darin, daß fast alle Bodenflächen versiegelt sind, Regenwasser also nicht mehr im Boden gespeichert werden kann und statt dessen sofort in die Kanalisation geleitet wird. Und es ist wärmer in unseren Städten, als im Umland. Es scheint zwar weniger Sonne, weil die Dunstglocke bis zu 10% des einfallenden Lichtes verschluckt, aber dafür speichern die Asphaltflächen die Wärme lange Zeit und summieren sich mit der Abwärme aus Privat- und Industrieschornsteinen.

Geht uns die Luft aus?

Wir sehen die giftigen Gase nicht, die wir tagtäglich mit der Luft einatmen. Wir wissen nur, daß sie da sind. Man sagt uns, Emissionen müßten verringert werden. Man erzählt uns von den katastrophalen Auswirkungen der Gifte in der Luft. Doch was die einzelnen Gifte anrichten, weiß kaum einer. Deshalb im folgenden eine kurze Bestimmung der häufigsten Schadstoffe:

Schwefeldioxid: Steinkohle enthält sowohl organisch gebundenen als auch anorganisch gebundenen Schwefel. Beim Verheizen von Kohle bleiben etwa 3% des Schwefels in der Asche, alles andere entweicht als Schwefeldioxid in die Luft. In der Luft wiederum kann etwa die Hälfte des Schwefeldioxids zu Sulfaten oxidieren. Diese bleiben dann etwa drei bis fünf Tage in der Luft und legen dabei in der Atmosphäre große Strecken zurück. Sulfate sind meist an feste Staubpartikel gebunden und gehen in dieser festen Form auf die Erde nieder. Schwefeldioxid kann sich aber auch unter der UV-Strahlung mit Wasserdampf zu Schwefliger- oder Schwefelsäure verbinden und fällt dann als Saurer Niederschlag auf uns herab.

Nicht nur die Gase für sich betrachtet sind giftig. Verbinden sie sich untereinander, so können sie in bestimmten Mischungen noch toxischer werden, wie Verbindungen von Ozon und Schwefeldioxid etwa oder Mischungen von Schwefeldioxid und Wasserstoff. Außerdem erhöht Schwefeldioxid bei allen Lebewesen nachweislich die Anfälligkeit für Infektionen.

Stickoxide: Werden fossile Brennstoffe wie etwa Erdöl verbrannt, entstehen neben Schwefeloxiden auch Stickoxide. Was sich bei der Verbrennung genau bildet, ist Stickstoffmonoxid, das in der Atmosphäre oxidiert und zu Stickstoffdioxid wird, das wiederum mit Feuchtigkeit zu Salpetersäure reagiert. Über drei Millionen Tonnen Stickoxide entstehen allein jährlich in der Bundesrepublik. Davon stammt etwa die Hälfte aus dem Straßenverkehr, 5% aus privaten Haushalten und der Rest aus der Industrie.

Eine weitere höchstgefährliche Gruppe sind die sogenannten Photooxidantien. Sie entstehen aus Stickoxiden und Kohlenwasserstoffen bei Bestrahlung mit UV-Licht. Ozon, Peroxide, Aldehyde und vieles mehr gehören zu den Photooxidantien. Vor allem Ozon ist eine sehr aggressive Sauerstofform und gefährdet besonders stark den Wald. Blätter und Nadeln der Pflanzen sind nämlich von Schutzhüllen umgeben, die das Ozon zerstört. Als Folge gehen den Pflanzen wichtige Nährstoffe verloren. Seit Mitte der sechziger Jahre bis heute ist der Stickstoff- und Ozongehalt in unserer Luft um über die Hälfte gestiegen. Fast die Hälfte dieser Stoffe entstehen durch Kraftfahrzeugmotoren, die mit verbleitem Benzin betrieben werden.

Wasserstoffe: Hier sind in erster Linie Fluorwasserstoff und Kohlenwasserstoff zu nennen. Fluorwasserstoff ist ein sehr reaktionsfreudiges Element und dabei bis zu hundertmal giftiger als Schwefeldioxid und Ozon. Pflanzen reagieren im allgemeinen schon auf sehr geringe Konzentrationen an Fluorwasserstoff mit deutlichen Schädigungen. Substanzen, die Fluor enthalten, werden vor allem frei bei Erzsinteranlagen, Keramikbetrieben oder Aluminiumhütten.

Daneben gibt es Chlorwasserstoff, der in wässriger Lösung zu Salzsäure wird. Er entsteht vor allem in chemischen Werken wie in Kalidüngerfabriken, außerdem in Müllverbrennungsanlagen, in der Metallverarbeitung und bei der Verbrennung von Kohle. Fast 30000 Tonnen Salzsäure werden jährlich in der Bundesrepublik in die Luft gejagt.

Schwermetalle: Dazu gehören Cadmium, Quecksilber, Nickel und Blei, um nur einige zu nennen.

Die meisten Schwermetalle kommen in der Kohle vor. Entsprechend werden sie bei Verbrennung als Feinstaub in die Atmosphäre freigesetzt. Entweder fallen sie in trockener Form oder mit den Niederschlägen auf die Erde zurück und sammeln sich dann im Boden an. Schwermetalle sind schwer löslich, durch den hohen Säuregehalt der Niederschläge werden sie jedoch gelöst und bilden Metall-Ionen, die als gelöste Salze dann von den Wurzeln der Pflanzen aufgenommen werden und in gewisser Konzentration hochgiftig wirken.

Die giftigen Metall-Ionen wirken auch auf die Bodenpilze ein. Ist aber die Beziehung zwischen den Pflanzenwurzeln und dem Pilzsystem im Boden gestört, können die Pflanzen nicht mehr genügend Wasser und Nährstoffe aufnehmen. Wald und Ackerboden sind gleichermaßen von den Schwermetalleinwirkungen betroffen.

Mit Getreide und anderen Ackerfrüchten gelangen die Schwermetalle in den menschlichen und tierischen Körper. Sie können dort alle Organe angreifen oder den Knochenbau schädigen. Etwa 7% der landwirtschaftlich genutzten Flächen in der Bundesrepublik sind bereits mit Schwermetallen verseucht, wie etwa Flächen im Neckargebiet, auf denen einst Neckarschlamm abgelagert wurde, der hochgradig mit Cadmium verseucht war. Dort darf heute nichts mehr angebaut werden.

Unser Blutkreislauf transportiert den Sauerstoff aus der Lunge in die Zellen und unser «Abgas» Kohlendioxid von den Zellen zur Lunge, die es dann ausatmet. Doch sind Gifte in der Luft, atmen wir auch diese ein, sie gelangen in unseren Blutkreislauf, wo auch sie zu den Zellen gebracht werden und dort, je nach Art und Toxizität, sich allmählich anreichern oder sofort Schäden verursachen können.

Unsere Nase, unser «Riechorgan» ist das einzige System im Körper, das uns auf Luftverschmutzung aufmerksam machen kann. Doch nicht alles, was schädlich ist, riecht auch. Auch die Augen leiden unter der Luftverschmutzung. Vor allem Staub, Rauch und Gas reizen die Schleimhäute. Verschmutzte Luft kann aber auch zu Reizungen der Hals- und Rachenschleimhäute führen und sogar die Stimmbänder angreifen und unsere Stimme beeinträchtigen.

Unsere Lunge muß Schwerstarbeit verrichten. Sie pumpt jeden Tag bis zu 15000 Liter Luft. Damit nimmt sie auch alle Gase und Abgase als erste Instanz auf und hat eine gewisse Filterfunktion. Vor allem feste Teilchen von Abgasen und Staub bleiben in ihr zurück und verkleben sie, was zu schweren Schädigungen über chronische Bronchitis und Asthma bis zum Lungenödem führen kann.

Aus den Fugen geraten – Unser Klima

Gifte und Dreck machen krank. Der Mensch, die gesamte Fauna und Flora leiden, ebenso sehr leidet die Erde selbst darunter.

Seit Jahren warnen Experten vor Klima-Katastrophen, wie etwa vor dem Treibhauseffekt. Wenn weiterhin die Luft derartig verpestet wird, werden die Temperaturen steigen. Für alle, die noch mit stillem Lächeln ungläubig auf die Erwärmung der Erde warten, hat der Direktor des Max-Planck-Instituts für Meteorologie in Hamburg, Klaus Hasselmann, die richtige Antwort: «Sobald wir diesen Treibhauseffekt eindeutig messen können, ist es schon zu spät.» Denn die Klimavorgänge sind so vielschichtig und veränderlich, daß niemand mit Sicherheit das Erdklima der Zukunft voraussagen kann. Um dem Treibhauseffekt zu entgehen, müßten wir also handeln, bevor wir eindeutige «Klimaschäden» entdecken. Das scheint fast unmöglich, wenn man bedenkt, wie langsam die Gesetzgeber in anderen Bereichen des Umweltschutzes reagiert haben.

Was vor allem die Industriegesellschaften Tag für Tag in die Luft entlassen, legt sich wie eine Hülle um die Erde und sorgt für den Hitzestau. Überall steigen riesige Wolken an Kohlenmonoxid, Kohlendioxid, Benzol, Stickoxiden, Schwefeloxiden und andere Abgase aus Fabrikschloten und Auspuffen; auf riesigen Viehweiden grasen etwa 1,2 Milliarden Rinder, und zwar dort, wo einst gigantische Urwälder wuchsen, die wesentlich das Klima bestimmten und die Luft filterten. In jedem Rindermagen entsteht Methan, täglich 120 Liter, das mitverantwortlich ist für den Treibhauseffekt. Methan bildet sich aber auch auf Reispflanzungen und Müllhalden.

Der so gefährliche Treibhauseffekt entsteht auf einfachste Art und Weise: Das kurzwellige Sonnenlicht kann ungehindert durch die Atmosphäre der Erde dringen und sie dadurch konstant «aufheizen». Die

Erde strahlt natürlich ihrerseits die Wärme ins All ab und zwar in Form von Infrarot- oder Wärmestrahlung. Treffen die Strahlen allerdings unterwegs auf Kohlendioxid-Moleküle, so werden sie von diesen regelrecht auf die Erde zurückgeschlagen. Die Folge: Die Erde wird ständig durch kurzwellige Sonnenstrahlung erwärmt, kann aber ihrerseits kaum mehr Wärme abgeben. Deshalb staut sich die Wärme auf der Erde wie in einem Treibhaus. In einem ungestörten, natürlichen Kreislauf ist Kohlendioxid eigentlich gar nicht schädlich, sondern die Grundlage allen Lebens. Vor über vier Millionen Jahren, als die Erde noch eine riesige Vulkanlandschaft war, bildete sich aus Kohlendioxid und Wasserdampf die erste, ebenfalls treibhausartige Atmosphäre. Mit dem Abkühlen der Erde und der Gashülle ging der Wasserdampf in riesige Regenmassen über, die jahrhundertelang auf die Erde herabregneten und die großen Weltmeere entstehen ließen.

Aus dem Kohlendioxid gewannen die Pflanzen ihre Nahrung, indem sie es in Kohlenstoff umwandelten. Ganz nebenbei verbrauchten sie bei der Photosynthese Kohlendioxid und ließen als Abfallprodukt Sauerstoff entstehen.

Immer wieder hat es auf der Erde höhere und niedrigere Kohlendioxid-Konzentrationen gegeben. Auch die «kalten» und «warmen» Perioden wechselten sich ab. Momentan befinden wir uns zwischen zwei Kältezeiten. Erwärmen wir aber die Erde weiter, haben wir im Jahre 2030 bis zu 4,5 Grad Celsius mehr als im heutigen Durchschnitt. Das heißt, es wird heißer sein als in den letzten 100 Jahren vorher. Dann wird es heißer sein als zur Zeit der Dinosaurier, das Eis wird an den Polen schmelzen, entsprechend werden sich die Meere ausdehnen und Küstengebiete und Inseln wie die biblische Sintflut überspülen. Die Gebiete, die heute schon Dürrekatastrophen und Hungersnöte haben, werden völlig versteppen. Außerdem werden die Trockenzonen wandern und in ihrem Zug vor allem das östliche Mittelmeergebiet völlig versteppen lassen.

Wir wissen Bescheid, aber es wird nichts getan. Die Machtmonopole der Energiewirtschaft, Ölraffinerien, Atomkraft- und Kohlekraftwerke sind wichtige Wirtschaftsfaktoren. Wohl deshalb schreitet die Entwicklung und Einrichtung von alternativen Energiequellen nur so zaghaft voran. 1988 sagte der Direktor des Umweltprogramms der Vereinten Nationen (UNEP): «Dieses Jahrhundert hat noch 4000 Tage, etwa 3000 davon sind Arbeitstage – in diesen Tagen müssen wir alle die Weichen stellen!»

Deshalb heißt es, alternative Energien, vor allem Solarenergie zu entwickeln, auf die Verbrennung fossiler Brennstoffe zu verzichten und damit zu verhindern, daß noch mehr des Treibhausgases Kohlendioxid freiwird.

Jede Kilowattstunde an Strom aus Kohlekraftwerken, die wir verbrauchen, trägt mit zur Aufheizung der Atmosphäre bei. Denn der Strom kommt aus den Turbinen, die mit Dampf betrieben werden, der entsteht, wenn Kohle verbrannt und dabei Wasser erhitzt wird. Damit eine Hundertwattbirne vier Stunden leuchten kann, wird ein Kilo Kohle verheizt.

Solarenergie wäre die einfachste und sauberste Lösung. Jeden Tag schickt uns die Sonnenstrahlung zehntausendmal soviel Energie, wie wir eigentlich weltweit brauchen würden. Nützt man nur einen Teil davon zur Energiegewinnung aus, könnte man mit Leichtigkeit zwei- bis dreimal soviel Energie bereitstellen wie durch Kohle- oder Atomkraftwerke. Es gibt heute schon die verschiedensten Windenergie- und Solaranlagen, was fehlt, sind Großbetriebe, die sie produzieren, und eine Gesetzgebung, die dafür sorgt, daß diese Energien wirtschaftlich und damit preiswert sind.

Kohlekraftwerke geben riesige Mengen an ungenützter Abwärme frei. Teilweise ist man dazu übergegangen, diese als Fernwärme zu nutzen, doch der größte Teil wird immer noch einfach in die Atmosphäre gejagt. Pro Kilowattstunde Strom aus einem Kohlekraftwerk, verpuffen zwei Kilowattstunden in der Luft. Wir könnten schon jetzt wesentlich zum Energiesparen beitragen durch Einsatz energiesparender Geräte, durch Energiesparbirnen und durch bessere Isolation unserer Häuser. Denn noch immer heizen viele außer ihrer Wohnung mehr oder weniger unabsichtlich die Atmosphäre mit.

Natürlich hat die Leitung der Energiewirtschaft kein Interesse am Stromsparen, sie würde sich damit selbst den Geldhahn abdrehen und ihre Existenz gefährden: Dieser Wirtschaftszweig hat ein ungeheures Machtmonopol, er ist mit dafür verantwortlich, daß das riesige Potential an alternativen Energien weitgehend ungenutzt bleibt. Hier helfen nur Gesetze, die Energiemonopole aufheben und neue Energieanwendungen möglich machen. Noch fehlt es dazu an der Einsicht und politischen Praxis. Das gilt auch für das Auto. Allein in Westeuropa, Japan und USA verkehren täglich über 400 Millionen Autos und jagen Kohlenmonoxid, Kohlendioxid, Schwefeloxid und Stickoxide in die Luft. Unter Sonnenbestrahlung wird aus dieser Mischung dann Ozon. In der Stratosphäre ist Ozon nützlich und schützt uns gegen zu intensive Sonnenbestrahlung. Bleibt es aber dicht am Boden, wirkt es auf alle Lebewesen tödlich, während die Ozonschicht in der Stratosphäre gleichzeitig immer dünner wird.

Von Tempolimit für den Straßenverkehr ist die Rede, um den Schadstoffausstoß zu verringern; nach einer Untersuchung des TÜV würden dadurch allein in der Bundesrepublik Deutschland etwa 26 Millionen Tonnen Kohlendioxid jährlich vermieden. Einem Bundesverkehrsminister fiel zu diesem Thema aber nur eines ein: Ein Tempolimit sei «gegen die Natur des Autofahrers».

Energiearme Motoren sind zur Zeit in der Entwicklung, aber das allein ist nicht genug. Bis ins Jahr 2000 muß der weltweite Kohlendioxid-Ausstoß, verglichen mit heute, mindestens um ein Viertel verringert werden, um einer Klimakatastrophe zu entgehen.

Verschiedene Modelle werden hin- und hergewendet, doch so lange nur diskutiert wird, sehen noch immer alle zu und unternehmen nichts.

Ähnlich ist es auch im Fall der tropischen Regenwälder. Die Gefahr, die durch ihre Vernichtung heraufbeschworen wird, droht uns allen. Überall im Äquatorbereich werden Wälder verbrannt, allein in Amazonien, auf dessen Gebiet etwa die Hälfte aller tropischen Regenwälder entfallen, entdeckte 1987 ein amerikanischer Satellit mehr als 8000 Großfeuer.

Danach werden sie überflutet, und alles was einmal Leben war in diesen Wäldern, verfault, und damit über die Hälfte aller Lebewesen dieser Erde, denn sie alle sind in den tropischen Regenwäldern zu Hause. Wenn die armen Tropenländer weiterhin ihre Wälder ausverkaufen müssen, um teure Importe bezahlen zu können, wenn der Holz- und Viehwirtschaft kein Einhalt geboten wird, gibt es in 20 Jahren keinen Regenwald mehr. Auch hier fehlen Gesetze, Einfuhrverbote, Hilfen für die Dritte Welt zur Rettung der Regenwälder.

Weitere Ursachen, die für die drohende Klimakatastrophe auf der Erde verantwortlich sind, sind Fluorchlorkohlenwasserstoffe (FCKW). Fluorchlorkohlenwasserstoff ist in aller Munde, in der Natur gibt es ihn nicht. Von diesem Stoff produzieren die Industrienationen jährlich über eine Million Tonnen, der überall eingesetzt wird: in Spraydosen, Klimaanlagen, Kühlschränken oder Feuerlöschern etwa, der dann irgendwann in die Luft entweichen kann. Ist FCKW aber erst einmal freigesetzt, kann er bis zu 180 Jahre in der Atmosphäre verbleiben. In der Stratosphäre, wo sich der schützende Ozongürtel befindet, fressen die Fluorchlorkohlenwasserstoff-Teilchen dann das für uns so wichtige Ozon und sorgen dafür, daß die Schicht immer dünner und das «Ozon-Loch» immer größer wird. Außerdem heizt eine Tonne FCKW die Atmosphäre so gewaltig auf, wie 5500 Tonnen Kohlendioxid.

Wieder sind Zahlen und Daten bekannt. Doch wieder stehen Wirtschaftsfaktoren gegen die Vernunft und damit gegen das Leben. Ein absolutes FCKW-Verbot wurde bisher nicht erlassen.

Genauso wenig klären die Politiker auf über Methan, über den Zusammenhang von Fleischverbrauch und Spurengasen, und es ist auch nicht geplant, die Methan-Emissionen zu verringern.

Methan ist eine Verbindung aus Kohlenstoff und Wasserstoff; man nennt es auch Biogas, Deponiegas oder Faulgas, denn es entsteht vor allem dort, wo in feuchten Bereichen Biomasse von Bakterien zersetzt werden. Methan kann aus organischen Rückständen der Erdkruste entstehen, aber auch bei Waldbränden, es entsteht in Sumpfgebieten, in Misthaufen und Müllbergen, in den riesigen Reisanbaugebieten, gewaltigen überfluteten Monokultur-Sümpfen, und es strömt aus den Schlünden von fast 1,2 Milliarden Rindern auf der Erde. Denn in den Rindermägen zersetzen Mikroben die Zellulose der Pflanzen und erzeugen dabei Methan, das sie in die Atmosphäre rülpsen, und zwar pro Rind und Tag etwa 120 Liter Methan. Es klingt beinahe lächerlich, und doch ist es kein Wunder, daß sich in den letzten 200 Jahren der Methangehalt der Luft verdoppelt hat. Jedes einzelne Methanmolekül ist etwa 32mal treibhauswirksamer als ein Kohlendioxid-Molekül.

Wege aus der Krise

Trübe Aussichten also und heiße Zeiten, denen wir entgegengehen, wenn nicht bald etwas geschieht und neue Konzepte in der Schublade der Behörden Makulatur bleiben. Jede Energie, die nicht durch alternative Energiegewinnung erzeugt wird, muß verteuert werden, damit wir endlich zum Energiesparen angehalten werden. Parallel dazu muß in Solar-, in Wind- und andere Energien weitaus mehr investiert und diese so schnell wie möglich wirtschaftlich gemacht werden.

Alle fossilen Energieträger müssen besser genutzt werden, denn noch immer verschleudert ein Kohlekraftwerk zwei Drittel der Energie, die es verheizt, in die Atmosphäre. Auch Atomkraft trägt nicht zum Schutz unseres Klimas bei.

Tempolimit und autofreie Tage könnten die Luft verbessern helfen, parallel dazu müßte aber vor allem im Bereich des Gütertransports von der Straße auf die Schiene umgestellt werden. FCKW muß verboten werden, und die Dritte Welt braucht Unterstützung, um weitere Brandrodung der Regenwälder zu verhindern.

Weltweit dürfen nur noch Kredite für umweltschonende und ökologisch vertretbare Projekte gegeben werden. Unser Fleischkonsum muß eingeschränkt werden, um die weltweite unsinnige Massenzucht von Rindern einzudämmen und nicht noch mehr Methan entstehen zu lassen, das immerhin zu einem Fünftel zur Erwärmung der Erde beiträgt.

Viele Dinge, die unbedingt und so schnell wie möglich in Angriff genommen werden müssen, um noch Wege ebenso schnell aus der Krise zu finden, bevor die Zeitbombe Klimakatastrophe detoniert!

Mensch

Natur und Fortschritt

Von welcher Seite wir in diesem Buch die lebendige Natur auch betrachtet haben, die Dialektik der Schöpfung ist uns in ihrer Einheit und Vielfalt ebenso wie in ihrem Zusammenspiel in Gemeinschaften als *ein Ereignis* erschienen, das sich naturgesetzlich vollzieht. Wie unsere Erde nach Gesetzen, die nicht der Mensch geschaffen hat, ihre Bahn exakt einhält und ihre Drehungen präzise ausführt, haben auch die Tiere und Pflanzen auf ihrer Oberfläche ihren festen Platz in den Kreisläufen der Natur, in denen die Lebewesen als Teile *eines Programms* über Jahrtausende und Jahrmillionen bestehen konnten.

Dann trat der Mensch in diesen ruhigen Gang der Geschichte des Lebens und machte sich als «der kleine Gott der Welt» (Mephisto in Goethes «Faust») zum Herrn über die Schöpfung, die er zu bewahren verlernte und in einem hemmungslosen Wettlauf um Fortschritt und Profit zerstörte und vernichtete.

Als «kleiner Gott der Welt» haben wir uns an die Spitze einer von uns hierarchisch gegliederten Welt gestellt und in unserem Fortschritts-Egoismus die Verantwortung für unsere Mitgeschöpfe und die Natur aus dem Blick verloren. Jetzt allmählich wachen wir auf und beginnen zu erkennen, daß wir auf dem besten Weg sind, die Erde völlig zu zerstören. Wir sehen, daß wir offenbar doch nicht die Allmacht haben, die wir uns so gerne zuschreiben wollten. Wir erkennen, aber wir wollen noch nicht begreifen, denn jede Konsequenz wäre unbequem und gegen unser Selbstverständnis, das wir uns im Laufe unserer Evolution aufgebaut haben.

Deshalb wird sich nichts ändern, wenn wir so weiterleben wie bisher, dann läßt die Rettung der Natur auf sich warten. Nur durch radikale Umkehr unserer Werte, durch Umdenken könnten wir etwas erreichen. Wir müssen lernen, den Wert der Natur zu schätzen und begreifen, müssen einsehen, daß langfristig mit jeder aussterbenden Tier- und Pflanzenart ein Glied in der Kette des Lebens ausfällt. Wenn wir unsere Bequemlichkeit beibehalten, wenn wir weiterhin nur unsere eigenen Wünsche durchsetzen in einer Welt, die wir uns passend gemacht haben, weil wir sonst nicht überlebt hätten, werden die letzten Jahrhunderte der Menschheit unbequemer und leidvoller werden als alles bisher.

Ein Problem ist sicher auch, daß es uns so gut geht. Wir haben die

Trollblumen in einer sumpfigen Wiese. Feuchtwiesen sind Nahrungsbiotop zum Beispiel für den Weißstorch und Lebensraum für Braunkehlchen und Brachvogel.

meisten gefährlichen Krankheiten besiegt, wir werden dank Technik, Medizin und Chemie im Durchschnitt 70 Jahre alt, damit etwa 20 Jahre älter als vor hundert Jahren – aber dabei doch immer kränker. Weil unsere Körper unser künstliches Klima, unsere Gifte und unseren Dreck nicht verkraften.

Städte wie München oder San Francisco sind im Durchschnitt bereits fünf Grad wärmer als ihr Umland. Herz-Kreislauf-Erkrankungen treten gehäuft auf, weil die Regulationssysteme in unseren Körpern einfach kapitulieren müssen. Zu groß ist der Streß, zu schlecht ist die Luft und das Klima. Jeder zweite Todesfall in der Bundesrepublik war 1988 auf Herz-Kreislauf-Erkrankungen zurückzuführen. Vor allem in den Städten häufen sich zusätzlich Erkrankungen der Atemwege, Tumore und Allergien.

Aber noch immer wachsen die Städte. Für das Jahr 2000 rechnet man mit Mega-Städten mit 20 bis 30 Millionen Einwohnern. Im Februar 1989 führte das Medizinische Institut für Umwelthygiene in Düsseldorf Blutuntersuchungen bei Düsseldorfer und Essener Bürgern durch. Das Ergebnis war alarmierend: eindeutig nachweisbare Benzolspuren im Blut, eigentlich kein Wunder bei durchschnittlich 23 Mikrogramm Benzol pro Kubikmeter in unserer Stadtluft, zehnmal mehr als auf dem Land.

Noch immer dürfen Autos etwa 45mal mehr Benzol in die Luft entlassen als Industrieanlagen. Während Schwefeldioxid- und Kohlenmonoxidausstoß wirklich zurückgingen, stieg von 1982 bis 1986 der Stickoxidausstoß von Autos und Industrieanlagen um 200 000 Tonnen. Scheint die Sonne auf die Städte, wird aus den giftigen Abgasen hochaggressives Ozon. Und während es in der Atmosphäre, wo es uns vor schädlichen Strahlungen schützen soll, immer mehr abnimmt, steigen seine Werte dicht am Boden. Die Folgen sind: Kreislaufbeschwerden, Übelkeit, Atembeschwerden. Dennoch wollen viele von uns in der Stadt leben, noch zählen die wirtschaftlichen und sozialen Vorteile der Ballungszentren. Doch irgendwann wird die Belastung zu groß werden.

In Stockholm und Los Angeles träumt man inzwischen von der autofreien Stadt. Doch das Auto allein ist es nicht, denn je weiter die Städte ausufern, um so weiter breiten sich auch Abgase und Abwärme aus. Immer mehr Natur wird zerstört, immer neue Flächen müssen für Erholung und Freizeitaktivitäten geopfert werden.

Wir streben nach Vergnügen, nach Bequemlichkeit. Wohlstand wollen wir ohne Rücksicht auf die Konsequenzen, und an ihm werden wir deshalb letztlich auch zugrunde gehen.

Es ist heute nicht nur die Nordsee, die stirbt, es sind nicht nur unsere Städte und Ballungszentren, in denen alles Leben zugrunde geht. In allen Bereichen auf der ganzen Welt lauern Katastrophen als Konsequenzen unseres menschlichen Wirkens, weltweit gehen wir dem Kollaps entgegen.

Einsichten sind gefragt

Der Aralsee in Zentralasien ist zur Gefahr für den ganzen Planeten geworden, wie die sowjetische Zeitung Sozialistscheskaja Industrija im November 1989 schrieb, denn der Binnensee trocknet aufgrund der ausgedehnten Wassernutzung für den Baumwollanbau aus. Außerdem gelangen auch in der UdSSR gewaltige Mengen an Giften und Schmutz in die Luft, was auch dort zu Saurem Niederschlag führt. Der Salzgehalt der Niederschläge stieg bereits um 5%. Durch die großen Mengen an Dünger und Spritzmitteln im Baumwollanbau leidet außerdem die Gesundheit der Bevölkerung. Immer mehr Krüppel kommen zur Welt, und Hepatitis, Typhus und Speiseröhrenkrebs haben dort bereits zwei Drittel der Bevölkerung befallen. Der karakalpakische Gesundheitsminister dazu: «Mein Volk ist wie ein Kranker, der auf das letzte Wort eines Ärztekollegiums wartet.»

Aus immer mehr ehemaligen Mülldeponien sickern Gifte wie Dioxin, und während noch über die Folgen gestritten wird, während noch Gesetze durch Ausnahmeregelungen umgangen werden, spitzt sich die Lage zu. Gifte lauern überall, und wir werden sie nicht mehr los. So wissen wir seit 1938, daß Asbestfasern Lungenkrebs erzeugen können, doch fast 200000 Tonnen dieser Fasern wurden in der Vergangenheit allein in der Bundesrepublik umgesetzt. Sie sind überall enthalten, in Bremsbelägen, in Wand- und Deckenverkleidungen und in vielem mehr. Dasselbe gilt für chlorierte Kohlenwasserstoffe wie etwa PCB, das man Lacken und Schmiermitteln beimischte oder als Weichmacher für Kunststoffe verwendete, weil es gegen Feuer, Wasser, Licht und Luft beständig ist. PCB ist extrem schwer abbaubar und belastet inzwischen Wasser, Boden und Luft. Krankheiten und Hormonstörungen sind die Folge.

Der Reaktorunfall von Tschernobyl vermittelte uns für kurze Zeit einen Eindruck, wie es sein könnte, in einer verseuchten Welt zu leben. Uns wurde das erste Mal wirklich bewußt, daß alle Warnungen nicht nur Prognosen sind, daß die Gefahr unmittelbar neben uns steht und daß wir im Ernstfall der Gefahr blind ausgeliefert sind, weil die Verantwortlichen nur versuchen, uns ruhigzustellen, uns Informationen, Daten und Werte verheimlichen, weil sie keine wirksamen Lösungen für Katastrophenfälle anzubieten haben.

Die Natur stirbt. Und alles, was wir tun, um das Sterben aufzuhalten, geschieht nicht aus Sorge um Pflanzen und Tiere, nicht aus der Einsicht, daß jedes Lebewesen seine Daseinsberechtigung hat, sondern einzig und allein aus der Angst um unsere eigene Haut.

Dabei sind wir, obwohl wir es so weit gebracht haben, noch nicht einmal in der Lage, friedlich miteinander zu leben. Jedes andere Lebewesen hat ein artspezifisches Sozialverhalten, sein Verhältnis zu Artgenossen ist durch ein instinktives System geregelt. Der Mensch hat diesen Instinkt nicht mehr. Er führt Kriege und weint später um die Toten. – Aber durch Krieg und Umweltzerstörung sterben auch die Tiere und Pflanzen. Der Druck der Probleme wird steigen.

Wir wissen Bescheid – aber wir wollen es nicht wahrhaben. Kein Konzept zum Schutz der Umwelt wird jemals noch etwas wiedergutmachen können. Denn, bis etwas geschieht, wird gleichzeitig weiter gesündigt… Und wer sich wie wir fürchtet für sich und die Pflanzen und Tiere, die lautlos sterben, wird nicht gefragt von Umweltpolitikern.

Machen wir Schluß damit, uns in anachronistischer Besessenheit und geblendet vom Fortschritt als geniale Krönung der Schöpfung, als die Alleinherrscher der Erde zu sehen. Egoismen verstellen den Blick ebenso wie Emotionen: Einsichten sind daher gefragt!

Was getan wird

Immer mehr Umweltschutzorganisationen gibt es, immer heftiger versuchen sie auf die Politiker Einfluß zu nehmen. Immer mehr Menschen treten diesen Organisationen bei, Städte verleihen Umweltpreise, doch was wird tatsächlich erreicht?

Die Stadt Schwäbisch Hall beispielsweise verlieh den Umweltschutzpreis der Stadt 1989 an insgesamt acht Auserwählte, darunter an einen Hausbesitzer, der eine Mehlschwalbenkolonie von 32 Nestern an seiner Hauswand «duldete». Früher eine Selbstverständlichkeit – ist dies heute bereits einen Umweltpreis wert!

Nur allmählich setzt sich die Erkenntnis durch, daß die Sünden der menschlichen Zivilisation an Flora und Fauna zur größten Naturkatastrophe aller Zeiten führen werden. Angesichts der fortschreitenden Zerstörung der Natur hören wir uns Ankündigungen von Politikern an, wie etwa dem baden-württembergischen Umweltminister Vetter 1989, jedes Jahr zehn Feuchtgebiete unter Naturschutz stellen zu wollen. Das klingt wie der Aufruf zu einer kosmetischen Operation, denn wenn nicht sofort *alle* unter Naturschutz gestellt werden, wird in wenigen Jahren schon nichts mehr zu schützen sein.

Wer denkt an die Tiere?

Der Mensch sieht sich noch immer als Maß aller Dinge. Deshalb sind bis heute die Umweltschutzausgaben der zehn größten westlichen Industrienationen eher kümmerlich. Während ihr Bruttosozialprodukt seit 1980 jährlich durchschnittlich um 7,8% stieg, erhöhten sich die Umweltschutzausgaben im gleichen Zeitraum nur um knapp 1%, wie das Institut der Deutschen Wirtschaft in Köln im Juli 1989 ermittelte. Nur in den Niederlanden stiegen die Aufwendungen für Umweltschutz schneller als das Bruttosozialprodukt. Für die neunziger Jahre wird allerdings ein Anstieg der Ausgaben erwartet.

Der Verhaltensforscher Konrad Lorenz äußerte 1987 die Prognose, die Menschheit gehe auf jeden Fall zugrunde. Er ahne weniger ein plötzliches Ende etwa durch Kernwaffenexplosionen, als vielmehr ein langsames, quälendes Zugrundegehen, dessen Ursachen in der Überbevölkerung und der daraus resultierenden Zerstörung unserer Ökosysteme liegen.

Naturschutzmaßnahmen und Gesetze, scheinbar miteinander abgestimmt, sind in Wirklichkeit kontrovers, denn Naturschutzgesetze werden am Schreibtisch gemacht, während draußen die Natur weiterstirbt. So helfen einerseits Naturschützer den Kröten mit aufopferndem Ein-

Die Große Ohe ist eines der letzten Rückzugsgebiete für den Otter im Bayerischen Wald. Luftverschmutzung und saure Niederschläge haben den pH-Wert auch dieses Flusses so extrem verändert, daß kein artenreicher Fischbesatz mehr möglich ist.

satz, spannen Netze und Zäune und halten Tage und Nächte lang Wache, damit die Tiere bei ihren Wanderungen nicht überfahren werden. Andererseits kann jeder Fischteichbesitzer das Wasser aus seinen Teichen auch zur Laichzeit ablassen.

Ein Kind, das einen Frosch mit nach Hause nimmt, verstößt gegen das Gesetz, eine Gemeinde, die zur verbotenen Zeit einen Graben ausbaggern läßt und Tausende von Insekten und Amphibien dabei vernichtet, lassen die Aufsichtsbehörden, trotz Einspruch von Naturschützern, gewähren.

Ist ein Biotop erst einmal zerstört, holt allerdings keine Geldstrafe seine ehemaligen Bewohner wieder ins Leben zurück.

➡

Naturbelassener Wald im Nationalpark Bayerischer Wald. Sturmwürfe gehören ebenso zu einer natürlichen Waldentwicklung wie stehende oder liegende tote Bäume. Ohne sie ist ein natürlicher Kreislauf nicht möglich.

Jeden Tag stirbt auf der Erde unwiderruflich eine Tier- und Pflanzenart aus. Wir dagegen jammern und klagen über Krankheiten unserer Hyperkultur, dabei sind wir selbst wie ein tödlicher Virus für die Erde, der sie aushöhlt und krank macht. Sind wir zu dumm oder nur zu blind?

Wir können nicht fliehen vor dem, was wir der Erde angetan haben. Die Erde und die Biosphäre gehören uns nicht, und sie brauchen uns nicht. Wir sind nicht die Krönung der Schöpfung, wir sind nur auf Zeit auf diesem Planeten. Lange vor uns gab es Leben, und auch nach uns wird Leben sein, wenn auch mit anderen Ansprüchen. Das Leben wird in seiner Vielfalt immer neue Formen schaffen, auch wenn wir unsere eigenen Lebensmöglichkeiten zerstört haben.

Vielleicht kann die Einsicht, daß wir nicht das Maß aller Dinge sind, ein Anstoß für ein neues Denken sein.

Ausweg aus der Sackgasse?

Fast täglich werden wir durch die Massenmedien mit Meldungen über Umweltkatastrophen und -prognosen geschockt: Reaktorunfälle, Algenpest, Robbensterben, Ölpest, Giftunfälle, Bergkatastrophen, Waldsterben, Ozonloch, Treibhauseffekt, Brunnenvergiftungen.

400000 Tiere mußten sterben, als im Frühjahr 1989 ein Supertanker von Exxon vor der Küste Alaskas auf ein Riff lief, während der Kapitän tatenlos in der Kajüte lag. Zur Beseitigung des ausgelaufenen Öls und für die Küstenreinigung waren zeitweise bis zu 11000 Menschen im Einsatz. Allein dafür mußte Exxon 1,5 Milliarden DM ausgeben. Eine ähnliche Ölpestkatastrophe hat sich Ende 1989 vor der Küste Marokkos ereignet. Mineralöl, einer unserer kostbarsten Rohstoffe, «vergeudet» zum Verheizen und Betreiben von Kraftfahrzeugen, verseucht durch Tankerunglücke mehr und mehr unsere Weltmeere.

Dünnsäureverklappung machte die Nordsee zur Mordsee. Das Forschungsministerium in Bonn gab Anfang 1990 bekannt, daß während dreijähriger Untersuchungen der Bundesforschungsanstalt für Fischerei festgestellt wurde, daß 50% aller Nordseefischarten Schädigungen an den Embryonen aufweisen. Der Säuretanker «Titan» hatte am 29. Dezember 1989 seine letzte Ladung von 1300 Tonnen 20prozentiger Schwefelsäure in die Nordsee gekippt. Nach jahrelangem Kampf wurde die Verklappung von Dünnsäure aus deutscher Produktion zum Jahresende 1989 eingestellt. Leider aber haben die EG-Länder Großbritannien, Frankreich und Spanien noch Ausnahmegenehmigungen zur Einleitung von Dünnsäure in die Nordsee bis 1992/93.

Nach der neuen Trinkwasserverordnung der EG, die am 1.10. 1989 in

Wacholderheiden mit ihrer Trockenrasenflora sind typisch für die Schwäbische Alb. Ungewollte Düngung aus der Luft durch Stickstoff-Emissionen und die ungenügende Beweidung begünstigen die Verbuschung dieser Flächen. Dadurch wird die artenreiche Flora verdrängt und der Lebensraum vieler Insekten und Vögel zerstört.

Kraft trat, wurde der Grenzwert für einen einzelnen Giftstoff auf 0,1 Mikrogramm pro 1 Liter Trinkwasser festgesetzt, die Summe aller Pestizide darf 0,5 Mikrogramm nicht übersteigen. Man hat aber in etwa 20% der 6000 bundesdeutschen Wasserversorgungsanlagen hohe Giftkonzentrationen diverser Pflanzenschutzmittel gefunden, so daß sie ab dem 1.10. 1989 hätten geschlossen werden müssen. Die EG-Verordnung wird nun umgangen, indem vom Bundesgesundheitsamt mit Ausnahmeregelungen für die Dauer von zehn Jahren die 100fache der erlaubten Pestizidmenge im Trinkwasser zugelassen wird. Damit wird die EG-Trinkwasserverordnung zu Makulatur. Die EG-Kommission hat Anfang 1990 die Bundesrepublik vor dem Europäischen Gerichtshof in Luxemburg verklagt, weil Bonn die Gemeinschaftsbestimmungen für Trinkwasser «nur unvollständig und nicht einwandfrei» in nationales Recht umsetze. Wird unser Trinkwasser dadurch sauberer?

Ohne reines Wasser kann auf Dauer kein Leben existieren. Brunnenvergiftung galt schon immer als schweres Verbrechen und zog harte Strafen nach sich. Nach § 319 StGB wird mit Freiheitsstrafe von einem Jahr bis zu zehn Jahren bestraft, wer Brunnen oder Wasserbehälter vergiftet oder Stoffe beimischt, von denen bekannt ist, daß sie die menschliche Gesundheit zu zerstören geeignet sind. Wenn aber Landwirte mit Jauche und gesetzlich erlaubten Chemikalien unser Grundwasser verseuchen, werden sie nicht vor Gericht gestellt.

Die Liste neu entwickelter Chemikalien wird immer länger. Die American Chemical Society schätzt, daß zu den im Jahre 1978 bekannten 4000000 Stoffen jährlich 300000 hinzukommen. Auch die Menge der produzierten Chemikalien wächst gewaltig: Sie stieg von einer Million Tonnen im Jahr 1950 auf 30 Millionen Tonnen im Jahr 1980, also in 30 Jahren um das Dreifache!

Auch die Luftverschmutzung steigt stetig – trotz Katalysator und Entgiftungsanlagen für die Industrie. 1986 wurden von Autos und Industrieanlagen 200000 Tonnen mehr Stickoxide ausgestoßen als vier Jahre zuvor.

Aus den Auspuffgasen strömt krebserzeugendes Benzol – in Großstädten zehnmal mehr als auf dem Land – und gelangt über die Atemluft in unseren Körper. Die stetig steigende Zahl von Fahrzeugen mit Verbrennungsmotoren belastet unsere Luft – trotz Katalysator – immer mehr mit Stickoxiden.

So geht das Sterben unserer Wälder weiter, Flüsse und Meere werden vollends verseucht, und auch die Lage in den Alpen wird zusehends bedrohlicher.

Der rücksichtslose Umgang mit der Natur, der ganze Lebensräume vernichtet, läßt Feuchtwiesen, Hochmoore, Auen-Wälder, Heidelandschaften, naturbelassene Wälder, naturnahe Bäche und Seen verschwinden, immer mehr Tiere und Pflanzen sterben aus. Doch was wir der Natur antun, tun wir uns selbst an, denn am Ende der Kette steht der Mensch: Was wir an Gift auf das Getreide spritzen, essen wir mit unserem täglichen Brot, und was wir an Chemie ins Meer einleiten, kommt mit dem Fisch auf den Tisch.

Wen wundert deshalb, daß jeder dritte Arbeitnehmer in der Bundesrepublik stirbt, ehe er das Rentenalter erreicht, und ein weiteres Drittel vorzeitig erwerbsunfähig wird?

Nach dem kurzsichtigen und egoistischen Motto «Jeder ist sich selbst der Nächste» stirbt Tag für Tag irgendwo auf unserem Planeten eine Tier- oder Pflanzenart aus, wird unwiederbringlich aus der Liste des Lebens gestrichen. Am Ende dieser Vernichtung werden wir mit der Natur auch uns selbst zugrunde gerichtet haben.

Quellen- und Literaturverzeichnis

Amberg, Max: Naturschutz, die große Lüge, Greven 1980.
Auswärtiges Amt (Hg.): Menschenrechte in der Welt, Bonn [6]1985.
Bauer, Hubert: Jagd unter der Lupe, DJZ Schriftreihe Bd. 1, Nassau 1989.
Bayerisches Staatsministerium für Ernährung, Landwirtschaft und Forsten: Wald in Gefahr, München 1984/85.
Bechmann, Arnim: Leben wollen, Köln 1984.
Bellmann, Heiko: Heuschrecken, Melsungen 1985.
Bellmann, Heiko: Libellen, Melsungen 1987.
Blaab, Josef u. Kudrna, Otaka: Hilfsprogramm für Schmetterlinge, Greven 1982.
Blaab, Josef: Grundlagen des Biotopschutzes für Tiere, Greven [3]1986.
Blaab, J.; Nowak, E.; Trautmann, W.; Sukopp, H.: Naturschutz aktuell: Rote Liste, Greven [4]1984.
Blaab, Josef; Ruckstuhl, Thomas; Esche, Thomas; Holzberger, Rudi: Aktion Schmetterling – so können wir sie retten, Ravensburg 1987.
Burger/Hürlimann: Ein Stich ins Grüne, Bergisch Gladbach 1989.
DBV: Merkblatt Nr. 88/11-023: Der Teichrohrsänger.
DBV: Merkblatt Nr. 86/11-006: Uferschwalbe.
Deutscher Naturschutzring e. V.: Wattenmeer, Bedarf, Gefährdung, Schutz, Bonn 1981.
Ditfurth, Hoimar von: Im Anfang war der Wasserstoff, München [2]1981.
Ders.: Innenansichten eines Artgenossen, Düsseldorf 1989.
Dressler, Dr. Albert Maria: Moore, Auen und Gewässer, Ravensburg o. J.
Ders.: Feld- und Wiesenblumen.
Ders.: Gräser und Gärten, Wiesen und Blumen.
Eibl-Eibesfeldt, Irenäus: Der vorprogrammierte Mensch, München 1976.
Ede, Donald A.: Einführung in die Entwicklungsbiologie, New York 1981.
Ernst, Andrea; Langbein, Kurt; Weiss Hand: Gift-Grün, Köln 1986.
Fromm, Erich: Anatomie der menschlichen Destruktivität, Reinbek 1985.
Graf, Dr. Jakob: Tierbestimmungsbuch, München 1971.
Greenpeace, Heft 1/1989.
Grzimeks Tierleben, Zürich 1972.
Haaf, Günther: Rettet die Natur, Gütersloh 1985.
Hachfeld, Bernd: Der Kranich, Hannover 1989.
Hagen, Eberhard von: Hummeln, Melsungen 1986.
Hahn, Otto: Schwarze Aussichten für den Weißen Storch, Melsungen 1984.
Hasenkamp, Klaus Rainer: Biologie, Gütersloh 1983.
Hauber, Günther: Abfall – Ingenieur – Bürger, Umwelt Aktuell, Bd. Nr. 20, Karlsruhe 1989.
Hutter, Karin: Ein Reh hat Augen wie ein sechzehnjähriges Mädchen, Freiburg [2]1986.
Huxley, Anthony: Das phantastische Leben der Pflanzen, München 1981.
Innenministerium Baden-Württemberg: Grün in der Stadt, Stuttgart, Januar 1987.
Jeier, Thomas: Die schönsten Nationalparks der USA, Bergisch Gladbach 1989.
Klemp, Herwig: Mehr Natur in Dorf und Stadt, Kronshagen 1981.
Lahl, Uwe; Zeschmar, Barbara: Kein Wasser zum Trinken, Reinbek 1984.
Laistner, Hermann: Die Geduld der Erde geht zu Ende, Frankfurt/Berlin 1989.
Landesanstalt für Umweltschutz in Baden-Württemberg, Institut für Ökologie und Naturschutz: Mehr Natur in Dorf und Stadt, Karlsruhe [3]1989.
LG-Stiftung: Natur und Umwelt: Naturschutz im Kleinen, Heft 2: Heimische Fledermäuse, Stuttgart.
Löbsack, Theo: Diese Handvoll Erde, München 1986.
Lorenz, Konrad: Die acht Todsünden der zivilisierten Menschheit, München [11]1980.
Lorenz, Konrad: Vergleichende Verhaltensforschung, München 1982.
McKibben, Bill: Das Ende der Natur, München 1990.
Ministerium für Ernährung, Landwirtschaft, Umwelt und Forsten Baden-Württemberg: Bodenschutzprogramm vom 1. 12. 1986.
Naturschutzgesetz für Baden-Württemberg, Stgt., Köln, Mainz, Bonn, Mai 1987.
Nolting, Hans-Peter: Lernfall Aggression, Reinbek 1987.
Raach, Karl-Heinz: Wer möchte leben ohne den Trost der Bäume, Freiburg 1985.
Roth, E.; Oswald, W. D.; Daumenlang, K.: Intelligenz, Stuttgart o. J.
Ruge, Klaus; Bastia, Hans-Valentin; Bruland, Wolf: Der Wendehals, Rottenburg 1988.
Scherzinger, W.; Bibelriether, H.: Gehege im Nationalpark Bayerischer Wald, Grafenau 1986.
Schmid, Eckhart: Die Einsamkeit des Eisbären, Bergisch Gladbach, 1989.
Schurz, Josef: Unser Gehirn, Kosmos Bibliothek Bd. 286, Stuttgart 1975.
Schweizer Naturschutz: Moore, Heft 6/83, Basel 1983.
Schweizer Naturschutz: Wald im Wandel, Heft 6/86, Basel 1986.
Siewing, Rolf (Hg.): Evolution, 3. Aufl., Stuttgart 1987.
Smith, Sandra: Das Meer, München 1981.
Ulmer, Günther A.: Unser Wald darf nicht sterben, Schönlach 1983.